Elektromobilität: Kundensicht, Strategien, Geschäftsmodelle

Karlheinz Bozem • Anna Nagl
Verena Rath • Alexander Haubrock

Elektromobilität: Kundensicht, Strategien, Geschäftsmodelle

Ergebnisse der repräsentativen
Marktstudie FUTURE MOBILITY

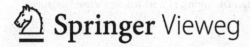

Springer Vieweg

Dr. Karlheinz Bozem
München, Deutschland

Prof. Dr. Verena Rath
München, Deutschland

Prof. Dr. Anna Nagl
Aalen, Deutschland

Prof. Dr. Alexander Haubrock
Aalen, Deutschland

ISBN 978-3-658-02627-1   ISBN 978-3-658-02628-8 (eBook)
DOI 10.1007/978-3-658-02628-8

Die Deutsche Nationalbibliothek verzeichnet diese Publikation in der Deutschen Nationalbibliografie; detaillierte bibliografische Daten sind im Internet über http://dnb.d-nb.de abrufbar.

Springer Vieweg
© Springer Fachmedien Wiesbaden 2013

Springer Vieweg ist eine Marke von Springer DE. Springer DE ist Teil der Fachverlagsgruppe Springer Science+Business Media.
www.springer-vieweg.de

Geleitwort Hildegard Müller (BDEW)

Die Energiewende ist im Jahr drei nach dem Reaktorunglück in Fukushima in der praktischen Umsetzung angekommen. Es ist an der Zeit, wichtige Entscheidungen zu treffen. Beispielsweise, wie der Rollentausch zwischen den Erneuerbaren und den Konventionellen Energien gestaltet werden kann. Oder wie ein zukünftiges Marktdesign aussehen sollte und die dringend erforderlichen konventionellen Gas- und Kohlekraftwerke weiterhin wirtschaftlich betrieben werden können. Und: Wie könnte das Erneuerbare-Energien-Gesetz, das grundsätzlich überarbeitet werden muss, umgestaltet werden?

Es ist aber auch die Phase, darüber nachzudenken, welche Zukunftstechnologien wir bereits heute anstoßen können, damit sie künftig bei der Umsetzung der Energiewende helfen können. Denn klar ist: Die ehrgeizigen Ziele der Energiewende können nur mit intensiver Forschung und Entwicklung sowie der Förderung neuer Technologien erreicht werden.

Elektromobilität ist so eine Zukunftshoffnung, die heutzutage noch in der Entwicklung steckt, aber viel Potenzial hat. Ein Beispiel für dieses Potenzial ist die Speicherung von Strom, die für den Erfolg der Energiewende von immenser Bedeutung ist. So können Elektroautos in großer Zahl einen relevanten Beitrag leisten, indem sie Strom aus schwankenden Erneuerbaren Energien in den Batterien der Fahrzeuge vor Ort speichern. Eine hohe Zahl von Fahrzeugbatterien kann dazu beitragen, das Energiesystem der Zukunft zu stabilisieren. So kann der Strom vorgehalten werden, um ihn dann zu verbrauchen, wenn vor Ort ein Bedarf besteht: Sei es, weil mehr verbraucht wird, sei es weil der Wind gerade nicht weht oder die Sonne nicht scheint. Vor allem aber kann Strom aufgenommen werden, wenn ein Überangebot an Erneuerbaren Energien zur Verfügung steht.

Die Zahlen sprechen für sich: Schon bei 6 Millionen Elektrofahrzeugen und einer Speicherkapazität pro Fahrzeugbatterie von knapp 20 Kilowattstunden, läge die Speicherkapazität der Fahrzeuge in Summe um knapp 50 Prozent über der aller heutigen Pumpspeicherwerke in Deutschland. Längerfristig wäre es sogar denkbar, dass die Fahrzeugbatterien ihrerseits Strom in das Netz zurückspeisen, wenn dort ein Bedarf besteht und das Fahrzeug gerade nicht gebraucht wird. Dafür müssten allerdings erst die technischen Voraussetzungen geschaffen werden – und zwar sowohl fahrzeug- wie auch netzseitig. Es wird auch an den beteiligten Unternehmen und Branchen liegen, Anreize zu entwickeln, die dem Kunden ein solches gesteuertes Be- und Entladen schmackhaft machen.

Eine große Herausforderung bei der Förderung der Elektromobilität ist aus Sicht der Energiewirtschaft die Schaffung einer bedarfsgerechten öffentlichen Ladeinfrastruktur. Eine aktuelle Umfrage des Bundesverbandes der Energie- und Wasserwirtschaft (BDEW) unter seinen Mitgliedern zeigt indessen, dass der Infrastrukturaufbau für Elektrofahrzeuge weiter gut voranschreitet und mehr als nur Schritt hält mit dem Zuwachs an Elektrofahrzeugen: Für 7497 zugelassene Elektrofahrzeuge standen zum Jahresende 2012 in 580 Städten und Gemeinden insgesamt 3819 öffentlich zugängliche Ladepunkte zur Verfügung.

Der Ausbau der Ladeinfrastruktur spielt aus Sicht der Energiewirtschaft in der gegenwärtigen Marktvorbereitungsphase eine wichtige Rolle, um der Elektromobilität zum Erfolg zu verhelfen. Im zweiten Halbjahr 2012 ist die Zahl der öffentlich zugänglichen Ladepunkte in Deutschland um über 35 Prozent gewachsen. Der BDEW hat in diesem Zusammenhang die Aufgabe übernommen, einheitliche Identifikationsnummern für Elektromobilität zu vergeben. Mit den Nummern sollen die Fahrer von Elektroautos in Zukunft kundenfreundlich Zugang zu möglichst allen Ladesäulen im öffentlichen Raum bekommen. Eine besondere Verantwortung kommt dabei den Kommunen zu: Sie haben es in der Hand, öffentlichen Straßenraum unkompliziert zur Verfügung zu stellen.

Doch auch der Ausbau der privaten Ladesäulen muss aus Sicht des BDEW verstärkt auf den Weg gebracht werden. Denn: Fahrer möchten ihre Autos zu Hause, am Arbeitsplatz oder auf dem Betriebsgelände laden. Sie werden das aus Gründen der Bequemlichkeit tun, während der Nachtstunden oder auf dem Firmengelände kann das Fahrzeug über lange Stunden angeschlossen bleiben. Dies wäre auch für den Stromlieferanten die bevorzugte Variante: Denn gesteuertes Laden oder sogar eine Rückspeisung aus der Fahrzeugbatterie in das Netz funktioniert nur, wenn das Fahrzeug lange am Netz ist.

Elektromobilität ist eine technologische und ökonomische Herausforderung. Damit sie zu einem tragenden Baustein der Energiewende wird, ist ein Umdenken erforderlich. Denn das Elektroauto der Zukunft ist eben nicht nur ein „Mobil". Es hat einen wichtigen Wert auch als „Immobilie", wenn es den schwankenden Strom aus Erneuerbaren Energien aufnimmt und bei Bedarf wieder einspeist. Wenn dies gelingt, kann Deutschland in den kommenden Jahren zu einem internationalen Leitmarkt und Leitanbieter für Elektromobilität werden.

Um die Elektromobilität zum Erfolg zu führen, bedarf es branchenübergreifender und marktorientierter Konzepte – Konzepte, die letztendlich die Kunden überzeugen müssen. Das Buch zeigt anschaulich auf, welche alternativen Antriebskonzepte und Geschäftsmodelle aus Sicht der beteiligten Branchen weiterentwickelt werden sollten. Es liefert damit einen sehr wichtigen Impuls für die praktische Umsetzung der Zukunftshoffnung Elektromobilität. Vielen Dank dafür an alle Beteiligten.

Berlin, Juli 2013   Hildegard Müller
Vorsitzende der Hauptgeschäftsführung
und Mitglied des Präsidiums
Bundesverband der Energie- und
Wasserwirtschaft e.V. (BDEW)

Geleitwort Ulrich Eichhorn (VDA)

Das vorliegende Buch von Bozem et al. schließt mit den Ergebnissen der deutschlandweit repräsentativen Nutzerstudie „FUTURE MOBILITY" eine Erkenntnislücke über die Anforderungen des Marktes an die Elektromobilität und andere alternative Antriebstechnologien. Wie aus der Studie FUTURE MOBILITY hinsichtlich der Kundenanforderungen an die Elektromobilität im Individualverkehr hervorgeht, legen die Autofahrer besonderen Wert auf Alltagstauglichkeit und auf Total Cost of Ownership (TCO), die sich in ähnlicher Höhe bewegen sollten wie bei Pkw mit optimierten Verbrennungsmotoren. Heute können die Battery Electric Vehicles (BEV) diese Anforderungen noch nicht erfüllen. Mit dem Plug-in Hybrid (PHEV) und dem Range Extender (REEV) stehen aber Technologien zur Verfügung, um das derzeitige Reichenweitenproblem zu lösen. In den nächsten drei Jahren werden rund 17 Mrd. Euro in die Forschung und Entwicklung der Elektromobilität investiert. Allein die deutsche Automobilindustrie bringt bis Ende 2014 16 Fahrzeugmodelle mit alternativen Antriebskonzepten auf die Straße.

Die Ergebnisse der Studie bestätigen, dass der Ansatz der deutschen Automobilindustrie, die Technologiebreite zu fördern und sich nicht zu früh auf eine bestimmte Antriebsoption festzulegen, strategisch richtig ist, um Antworten auf die Anforderungen des Marktes zu finden. So ist deutlich geworden, dass eine positive Beeinflussung der Total Cost of Ownership zum richtigen Zeitpunkt sinnvoll ist, um den Markt für Elektromobilität und andere alternative Antriebstechnologien gezielt zu stimulieren.

Die Marktsicht der Studie zeigt, wo die Hebel für die einzelnen Stakeholder liegen, um am Markt erfolgreich Elektrofahrzeuge und Fahrzeuge mit anderen alternativen Antriebstechnologien anzubieten. Klar ist auch, dass es neue Partnerschaften geben wird und entsprechende Antworten auf die Frage nach Umfang, Struktur und Intelligenz bei der notwendigen Infrastruktur geben muss. Hier bietet die Studie ebenfalls interessante Anknüpfungspunkte.

Berlin, Juli 2013

Dr. Ulrich Eichhorn
Geschäftsführer Technik und Umwelt
Verband der Automobilindustrie e. V.

Vorwort der Autoren

Automobilindustrie und Energiewirtschaft stehen heute vor epochalen Herausforderungen, die die Wertschöpfungsketten und die Branchenstrukturen der beiden Industrien für die nächsten Jahrzehnte signifikant verändern werden. Die Automobilindustrie muss Ansatzpunkte finden, um die Emissionsgrenzwerte realisieren zu können. Auch zur Sicherung der wachsenden Absatzmärkte in den Schwellenländern führt für die deutschen Automobilkonzerne kein Weg an elektrischen Fahrzeugen vorbei. Die Energiewirtschaft steht ihrerseits vor der Aufgabe, die Energiewende umzusetzen und ein Industrieland mit zentralen Großkraftwerken in eine erneuerbare, dezentrale und smarte Energiezukunft zu überführen. Für die Energiewirtschaft ist die Elektromobilität ein zentraler Baustein von künftigen Smart Energy-Geschäftsmodellen. Die Elektromobilität bildet damit gewissermaßen die gemeinsame Schnittmenge der beiden Branchen, die jede für sich auf der Suche nach den Geschäftsmodellen der Zukunft ist.

Die Euphorie der Anfangsjahre mag verflogen sein, die Entwicklung und Markteinführung elektrischer Fahrzeuge und Fahrzeuge mit anderen alternativen Antriebstechnologien schreitet jedoch fort. Es kommt jetzt darauf an, die Elektromobilität auch im Markt sichtbar zu machen, um beim Verbraucher Vertrauen in die neue Technologie zu wecken. Ob die Elektromobilität zum Erfolg geführt wird, wird entscheidend davon abhängen, ob Fahrzeuge und Geschäftsmodelle den Bedürfnissen des Verbrauchers nach einer alltagstauglichen bezahlbaren Individualmobilität Rechnung tragen. Eine Kenntnis der Markterwartungen ist somit unerlässlich.

Mit dem vorliegenden Buch geben wir einen fundierten Einblick in die Erwartungen des Verbrauchers an alternative Antriebstechnologien und die Elektromobilität im Besonderen.

München, Aalen,
Juli 2013

Karlheinz Bozem
Anna Nagl
Verena Rath
Alexander Haubrock

Inhaltsverzeichnis

Geleitwort Hildegard Müller (BDEW) 5

Geleitwort Ulrich Eichhorn (VDA) 9

Vorwort der Herausgeber 11

1 Einleitung 15

   1.1 Ausgangssituation Individualverkehr 15

   1.2 Ziele der Studie FUTURE MOBILITY 17

2 Erwartungen an die Individualmobilität 21

   2.1 Mobilitätsprofil der Pkw-Nutzer 21

   2.2 Voraussetzungen für einen Umstieg 23

3 Erwartungen des Marktes an die Technologie 31

   3.1 Marktsicht Fahrzeugkonzepte 31

   3.2 Geschäftsmodelle Fahrzeugkonzepte 40

4 Erwartungen des Marktes an das Laden 49

   4.1 Präferenz für den Ladeort 49

      4.1.1 Verfügbarkeit eines festen Stellplatzes 52

      4.1.2 Zeitbezogene Ladepräferenzen 56

      4.1.3 Präferenz von Vielfahrern 59

   4.2 Präferenz Ladezeit und -dauer 60

   4.3 Ladestrom aus Erneuerbaren Energien 66

   4.4 Bezahlen des Ladestroms 68

   4.5 Nutzung der Batterien für Vehicle-to-Grid 74

5 Strategische Implikationen 77

   5.1 Neudefinition der Kundenschnittstelle 77

   5.2 Strategische Implikationen auf die Automobilindustrie 81

   5.3 Strategische Implikationen auf die Energieunternehmen 86

5.4 Schaffung von Marktanreizen durch die Politik........................ 91

6 Fazit 95

Literaturverzeichnis 99

Abbildungsverzeichnis 103

Stichwortverzeichnis 105

1 Einleitung

1.1 Ausgangssituation Individualverkehr

Verschiedene umwelt- und ressourcenpolitische Herausforderungen haben in den letzten Jahren Politik, Automobilkonzerne und Energiewirtschaft gleichermaßen bewogen, die Entwicklung alternativer Antriebstechnologien, der zugehörigen Infrastruktur und die politische Förderung der Markteinführung massiv voranzutreiben (Rath/Bozem 2013, S. 74). Seit 1960 sind die Erdölpreise stetig gestiegen und mit der fortschreitenden Industrialisierung ehemaliger Entwicklungs- und Schwellenländer sowie der weiteren Verknappung der wirtschaftlich förderbaren Ressourcen ist auch in Zukunft ein Anhalten dieser Entwicklung zu erwarten. 2011 und 2012 waren mit einem mittleren Weltmarktpreis von jeweils 107 US-$ je Barrel die teuersten Öljahre der Geschichte. Unter Herausnahme des US-Erdölmarktes ist 2012 sogar für den Rest der Welt als das Jahr mit dem höchsten Erdölpreis in die Geschichte eingegangen (Tecson 2013, o. S.). Insbesondere außerhalb Europas und gerade in den wachsenden Wirtschaftsregionen in Asien und Lateinamerika verschieben sich die Siedlungsstrukturen immer mehr von den ländlichen Regionen in die städtischen Ballungsgebiete. Bedingt durch diese Entwicklung zählt Asien weltweit die höchste Dichte an sogenannten Megacities mit zum Teil deutlich mehr als 10 Millionen Einwohnern. Die mit steigendem Wohlstand zunehmende Motorisierung der Bevölkerung wird nachhaltige Belastungen mit Treibhausgas-, Ruß- und Lärmemissionen bewirken. Aufgrund der beschriebenen Entwicklung sind dringend nachhaltige Lösungen zur Bewältigung der umwelt-, bevölkerungs- und infrastrukturpolitischen Herausforderungen hervorzubringen.

Die Nutzung der Effizienzpotenziale des konventionellen Verbrennungsmotors ist ein grundlegender Stellhebel zur Umsetzung der umweltpolitischen Ziele in der Individualmobilität. Daneben liegen große Erwartungen auf der erfolgreichen und nachhaltigen Markteinführung alternativer Antriebstechnologien. Diesbezüglich standen in jüngster Zeit die Technologien des elektrischen Fahrens im Interessenfokus der breiten Öffentlichkeit. Hierzu zählen neben dem klassischen Hybrid (Rückgewinnung von Bremsenergie) insbesondere der Plug-in Hybrid, der

Range Extender sowie das reine Batteriefahrzeug. Schließlich gehört auch die Brennstoffzellentechnologie zu den elektrischen Antriebsformen. Da deren kommerzielle Marktreife aber aus heutiger Sicht noch nicht absehbar ist, werden wir die Brennstoffzellentechnologie im vorliegenden Buch höchstens am Rande thematisieren. Neben den elektrischen Antriebstechnologien wurden in den vergangenen Jahren zahlreiche weitere, technologisch mittlerweile auch weitgehend ausgereifte Technologien wie Erdgas, Autogas und Biokraftstoffe als Alternativen zum konventionellen Benzin- oder Dieselfahrzeug in Betracht gezogen. Weil wir davon ausgehen, dass Autogas in der Förderung mittelfristig hinter Erdgas zurückfallen wird und die nicht mit Nahrungsmitteln konkurrierende Produktion von Biokraftstoffen – sogenannte Biokraftstoffe der zweiten Generation – bislang nicht wirtschaftlich ist, sehen wir allenfalls für das Erdgasfahrzeug signifikante Potenziale neben dem effizienten Verbrennungsmotor. Unsere folgenden Betrachtungen erstrecken sich daher primär auf die Technologien des elektrischen Fahrens – das Erdgasfahrzeug wird als potenzielle alltagstaugliche Alternative zum konventionellen Benziner und Diesel am Rande mit in die Betrachtungen einbezogen.

Die Elektromobilität war in den vergangenen Jahren das dominierende Thema der großen Automobilmessen, für die im Zuge der Energiewende nach neuen, tragfähigen Geschäftsmodellen suchenden Energieunternehmen schien sich ein junger Markt aufzutun und auch die breite Öffentlichkeit ging davon aus, in Kürze sämtliche Fahrten „elektromobil" erledigen zu können. Der auf diese Weise entbrannte „Hype" rund um das Thema Elektromobilität ist zwischenzeitlich deutlich abgekühlt und einer realistischeren Sichtweise gewichen. Bei einem Gesamtfahrzeugbestand von 43,4 Millionen Personenkraftwagen in Deutschland haben Elektro- und Hybridfahrzeuge einen Anteil von derzeit nur unter 0,2 % (Kraftfahrt-Bundesamt 2013, o. S.). Wenn das Ziel von 1 Million Elektrofahrzeugen in 2020 erreicht werden soll, muss sichergestellt sein, dass bis dahin marktgängige Fahrzeuge sowie eine bedarfsgerechte Ladeinfrastruktur angeboten werden können. Politik und Unternehmen sind gefordert, die richtigen Marktanreize zu setzen, die dafür sorgen, dass der junge Markt an Schwung aufnimmt.

Für die Entwicklung attraktiver Angebote zur Elektromobilität einerseits und die Gestaltung von Marktanreizmechanismen andererseits ist eine profunde Kenntnis der Erwartungen des Marktes an Fahrzeuge und Infrastruktur unerlässlich. Die Hochschule Aalen hat gemeinsam mit bozem | consulting associates | munich die empirische Studie "FUTURE MOBILITY" durchgeführt, die eine verlässliche Grundlage für die Entwicklung neuer marktorientierter Mobilitätskonzepte und Orientierung für entwicklungsrelevante unternehmerische Entscheidungen darstellt. Wichtige Erkenntnisse dieser Studie sind im vorliegenden Buch zusammengefasst.

1.2 Ziele der Studie FUTURE MOBILITY

In den letzten Jahren wurde eine Vielzahl empirischer Studien zur Untersuchung der Kundenerwartungen an alternative Antriebstechnologien – und insbesondere an die Elektromobilität – publiziert. Die Studien haben zentrale Fragen wie das Interesse an alternativen Antrieben, die Kaufbereitschaft, Erwartungen an Fahrzeugeigenschaften und -preis sowie die Akzeptanz eines höheren Preises und Abstrichen bei Reichweite, Platz und Ausstattung adressiert (eine Übersicht findet sich bei Nagl/Haubrock/Calcagnini/Rath/Schnaiter/Bozem 2013, S. 204 ff). Allerdings basieren die wenigsten Studien auf einem repräsentativen Ansatz.

Mit unseren Studien zur FUTURE MOBILITY tragen wir zur Schließung dieser Erkenntnislücke bei. Die empirische Erhebung FUTURE MOBILITY 2012 ist eine grundlegende Weiterentwicklung der Marktstudie FUTURE MOBILITY 2011 (Nagl/Haubrock/Calcagnini/Rath/Schnaiter/ Bozem 2013, S. 218 ff), die im Rahmen des vom Land Baden-Württemberg geförderten Innovativen Forschungsprojekts „Energy for future Mobility" durchgeführt wurde. Das Ziel der Studie FUTURE MOBILITY 2012 bestand darin, empirisch und auf repräsentativer Basis Erkenntnisse über die Aufgeschlossenheit der Bevölkerung für alternative Antriebstechnologien sowie über Bedürfnisse und Erwartungen bei der Nutzung dieser Technologien zu erschließen. Unsere Umfrage stellte somit nicht ausschließlich auf die Elektromobilität ab, sondern hat auch die übrigen alternativen Antriebstechnologien in die Analyse mit einbezogen. Aufgrund der gegenüber anderen Technologien wie Erdgas überlegenen Neuartigkeit wird gleichwohl den Technologien des elektrischen

Fahrens ein besonderes Augenmerk zuteil. Im Rahmen der Studie FUTURE MOBILITY 2012 wurden im Jahr 2012 deutschlandweit 10.000 Personen auf Basis eines schriftlichen, per Post zugestellten Fragebogens befragt. Zur Generierung des Adressenmaterials wurde eine proportional geschichtete Stichprobe gezogen, die im Hinblick auf die Merkmale Wohnortgröße, Geschlecht und Altersgruppe repräsentativ für die Grundgesamtheit der deutschen Bevölkerung ab 18 Jahre ist. Die genannten Merkmale haben wir im Rahmen von Vorstudien als relevant für unseren Untersuchungsgegenstand „alternative Antriebstechnologien in der Individualmobilität" identifiziert. Die Repräsentativität gilt sowohl für das der Aussendung zugrundeliegende Adressenmaterial (Bruttostichprobe) als auch für den Rücklauf unserer Befragung (Nettostichprobe). In die Auswertung der Studie FUTURE MOBILITY 2012 wurden 1.545 Fragebogen einbezogen, die Rücklaufquote lag damit bei mehr als 15 %.

Das Erhebungsinstrument unserer Untersuchung, der quantitative, schriftliche Fragebogen umfasste Fragen zu den folgenden Themenkomplexen:

- Informiertheit über alternative Antriebe
- Aufgeschlossenheit für alternative Antriebe
- Voraussetzungen für einen Umstieg auf alternative Antriebe
- Erwartungen an das (Schnell-)Laden von Elektrofahrzeugen
- Aufgeschlossenheit für innovative Bezahlfunktionen für Ladestrom
- Aufgeschlossenheit für innovative Geschäftsmodelle wie z. B. Batterieleasing
- Sozio-demografische Angaben sowie Angaben zu Fahrleistung und Wohnsituation

Die Zusammenstellung und Formulierung der Fragen wurden im Lauf des Entwicklungsprozess des Fragebogens durch die Diskussion mit inhaltlich-fachlichen sowie methodischen Experten abgesichert. Das Skalenniveau der mit Hilfe des Fragebogens erhobenen Daten ist zumeist intervallskaliert (5-stufig). Die Auswertung des Datenmaterials erfolgte mit Hilfe des Statistikprogramms SPSS in der Version 20.

In der vorliegenden Veröffentlichung werden die Ergebnisse der Studie FUTURE MOBILITY 2012 zusammengefasst und strategische Implikationen für die an der zukünftigen Mobilität beteiligten Unternehmen abgeleitet.

2 Erwartungen an die Individualmobilität

2.1 Mobilitätsprofil der Pkw-Nutzer

Die in unserer Studie FUTURE MOBILITY befragten Personen stellen einen repräsentativen Querschnitt der Gesamtbevölkerung der Bundesrepublik Deutschland dar. Der Rücklauf der Fragebögen erwies sich nach den relevanten sozio-demografischen Stichprobenmerkmalen Wohnortgröße, Geschlecht und Altersgruppe als repräsentativ. Des Weiteren deckten sich die Antworten der Befragten bzgl. der Pkw-Marke mit den Bestandszahlen des Kraftfahrt-Bundesamtes – ein weiterer fundierter Hinweis auf die Repräsentativität und Belastbarkeit des verwendeten Adressenmaterials.

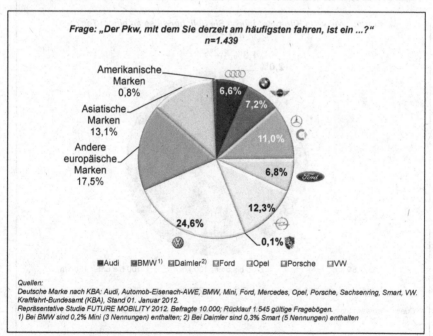

Frage: „Der Pkw, mit dem Sie derzeit am häufigsten fahren, ist ein ...?"
n=1.439

Amerikanische Marken 0,8%
Asiatische Marken 13,1%
Andere europäische Marken 17,5%
6,6%
7,2%
11,0%
6,8%
12,3%
24,6%
0,1%

■Audi ■BMW¹⁾ ▨Daimler²⁾ ▨Ford ▨Opel ▥Porsche ▨VW

Quellen:
Deutsche Marke nach KBA: Audi, Automob-Eisenach-AWE, BMW, Mini, Ford, Mercedes, Opel, Porsche, Sachsenring, Smart, VW.
Kraftfahrt-Bundesamt (KBA), Stand 01. Januar 2012.
Repräsentative Studie FUTURE MOBILITY 2012. Befragte 10.000; Rücklauf 1.545 gültige Fragebögen.
1) Bei BMW sind 0,2% Mini (3 Nennungen) enthalten; 2) Bei Daimler sind 0,3% Smart (5 Nennungen) enthalten

Abbildung 1:   Verteilung der Pkw-Hersteller/-Marken

Von den Befragten besaßen oder nutzten über drei Viertel regelmäßig einen Pkw. In über der Hälfte der befragten Haushalte war mehr als ein Pkw vorhanden.

Die detaillierte Erfassung der Fahrgewohnheiten der Pkw-Besitzer und Nutzer führte zu einem interessanten Ergebnis: Zwar gaben knapp 80 % der Befragten an, nur bis zu 5-mal im Jahr eine Strecke von über 500 km zu fahren und die "mittleren Altersklassen" (26 bis 55 Jahre) fahren häufiger eine Strecke von mehr als 50 km täglich, aber nur 1,2 % der Befragten – meist Angestellte und Freiberufler – legen täglich eine Strecke von mehr als 250 km zurück. Es bleibt also Fakt: Über zwei Drittel der Pkw-Nutzer (69,1 %) fahren mit ihrem Pkw täglich durchschnittlich lediglich eine Strecke von höchstens 50 km.

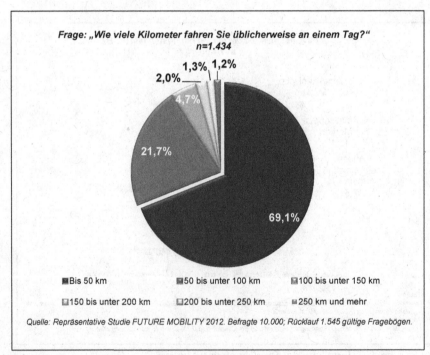

Abbildung 2:   Durchschnittliche Fahrleistung an einem Tag

2.2 Voraussetzungen für einen Umstieg

Die nicht überraschende Erkenntnis daraus im Hinblick auf die Diskussion über die Elektromobilität: Für über 90 % der Autofahrer würde die Reichweite heutiger Elektrofahrzeuge für den üblichen täglichen Mobilitätsbedarf ausreichen. Angesichts der grundsätzlichen Sympathie, die der Elektromobilität allgemein entgegengebracht wird, läge hier, rational und logisch betrachtet, der Schluss nahe, dass die Bereitschaft der heutigen Pkw-Nutzer, auf ein Elektroauto umzusteigen, eher hoch ist. Dies ist jedoch keineswegs der Fall. Der Grund ist darin zu sehen, dass für die allermeisten Befragten bei der Frage des Umstiegs auf einen Pkw mit alternativer Antriebstechnik die Kriterien Total Cost of Ownership (TCO), d. h. die Gesamtkosten für Anschaffung, Unterhalt und Restwert eines Pkws, die von den Pkws mit konventionellem Antrieb gewohnte Zuverlässigkeit und Alltagstauglichkeit sowie die Reichweite zählen (Bozem 2012, S. 23).

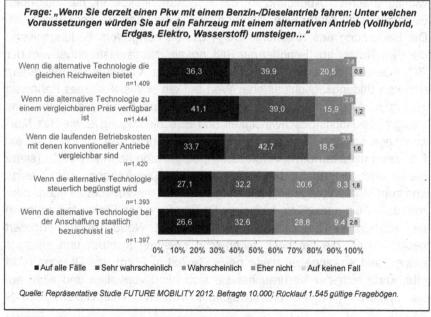

Abbildung 3:   Voraussetzungen für einen Umstieg

In den Augen der Befragten sind alle Kriterien bei den heutigen Elektro-fahrzeugen nicht erfüllt. Dass für den täglichen Mobilitätsbedarf von über 90 % der Befragten objektiv gesehen die jetzt schon bei einem Elektroau-to vorhandene Reichweite ausreichend ist, fällt nicht ins Gewicht, denn in mancher Hinsicht verhält sich der Mensch – auch der so genannte „auf-geklärte, mündige Verbraucher" von heute – nicht logisch, sondern psy-chologisch: Er möchte das Gefühl haben, dass er jederzeit mit seinem Auto beliebig weit fahren kann, auch wenn dieser Fall nur selten eintritt. Bemerkenswert und in gewisser Hinsicht überraschend ist die Tatsache, dass bei der Wichtigkeit der Total Cost of Ownership auch die Befragten mit einer deutlich „grünen" Weltsicht und Lebenseinstellung keine Aus-nahme machen. Kurz: Wenn es für den Verbraucher ans Portemonnaie geht, treten moralische und ethische Argumente schnell in den Hinter-grund.

Von den befragten Pkw-Nutzern werden für die Anschaffung eines Pkw mit alternativer Antriebstechnik also die folgenden Kriterien als besonders wichtig erachtet (Abbildung 4): die Anschaffungskosten, die laufenden Betriebskosten (Verbrauch, Wartung) sowie die Langstreckentauglichkeit. Die Bedeutung des Kriteriums CO_2-Ausstoß hängt vom Bildungsniveau der Pkw-Nutzer ab: Je höher der Bildungsabschluss desto höher wird der CO_2-Ausstoß bewertet. Folglich scheinen die Verbraucher mit einem höheren Bildungsabschluss eher Wert auf ein emissionsarmes Fahrzeug zu legen. An nächster Stelle wurden Platz und Komfort genannt. Das Design, die Höchstgeschwindigkeit und Beschleunigung sowie das Mar-kenimage spielten hingegen für den Kaufentscheid bzw. Umstieg auf ein Fahrzeug mit alternativer Antriebstechnologie eine geringere Rolle (siehe hierzu auch die Ausführungen in Kapitel 3). Die Angaben zum Design und zum Markenimage sind allerdings insofern mit Vorsicht zu interpretie-ren, da es ein spezielles, typisches Design für diese Elektrofahrzeuge in den Köpfen der Verbraucher noch nicht gibt. Neue Technik erfordert neue Gestalt, die die neue technische Leistung sichtbar und erlebbar macht, und so lange es diese neue Gestalt in Form des Designs nicht gibt, kann sich der Verbraucher sie sich nicht vorstellen und nicht auf sie reagieren. (Nagl/Haubrock/Calcagnini/Rath/Schnaiter/Bozem 2013, S. 244 ff)

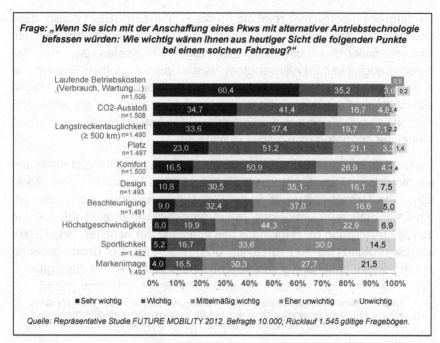

Frage: „Wenn Sie sich mit der Anschaffung eines Pkws mit alternativer Antriebstechnologie befassen würden: Wie wichtig wären Ihnen aus heutiger Sicht die folgenden Punkte bei einem solchen Fahrzeug?"

Quelle: Repräsentative Studie FUTURE MOBILITY 2012. Befragte 10.000; Rücklauf 1.545 gültige Fragebögen.

Abbildung 4: Umstiegskriterien

So viel kann man aber jetzt schon sagen, denn das lehrt die Designge-schichte: Der Hersteller, dem es als Erstes gelingen wird, ein Leitbild für das Elektroauto oder einen Pkw mit anderer alternativer Antriebstechnik zu schaffen, wird über lange Zeit im Vorteil sein und das Rennen ma-chen, denn ein einmal positiv etabliertes Leitbild abzulösen gelingt einem Mitbewerber nur selten. Die BMW AG ist hierzu mit ihrem BMWi-Konzept auf einem erfolgsversprechenden Weg.

Das Gleiche gilt für das Markenimage. Auch ein Elektroauto mit einem speziellen Markenimage gibt es noch nicht und deshalb kann es auch noch keine Wirkung auf den Käufer ausüben und die Kaufentscheidung beeinflussen. Wenn es aber einmal etabliert ist, wird es bei einem Elekt-roauto oder einem Pkw mit anderer alternativer Antriebstechnik genauso die Kaufentscheidung der Käufer beeinflussen wie es das bei anderen Produkten und Dienstleistungen tut.

Vordergründig betrachtet zeigt die Studie FUTURE MOBILITY also, dass die Mehrheit der Befragten zum jetzigen Zeitpunkt noch den Pkw mit konventioneller Antriebstechnik bevorzugt. Die Kosten und die Gebrauchstauglichkeit im Alltagsbetrieb werden als die größten Hindernisse angegeben. Besonders bei den rein elektrisch betriebenen Fahrzeugen kommt noch die „Reichweitenangst" hinzu. Sie kommen als ernsthafte Alternative zum Fahrzeug mit konventioneller Antriebstechnik nur für ein Viertel der befragten Pkw-Nutzer in Betracht.

Dieses Bild korrigiert sich aber, wenn man das Marktpotenzial näher betrachtet, das durch die Studie FUTURE MOBILITY sichtbar wird. Allein schon die Tatsache, dass 85 % der Pkw-Nutzer angaben, sie würden auf ein Elektrofahrzeug umsteigen, wenn die Reichweite mehr als 150 km betrüge (Abbildung 5), zeigt, dass das Interesse der heutigen Pkw-Nutzer am Elektrofahrzeug sehr groß ist, und zwar ist diese Umstiegsbereitschaft nahezu unabhängig von der Größe des Wohnorts der Befragten.

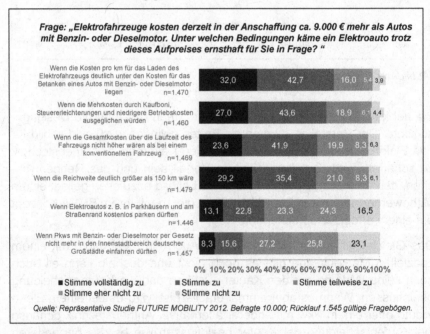

Abbildung 5:　Voraussetzungen Umstieg auf Elektrofahrzeug

Es besteht also latent eine flächendeckende Bereitschaft, auf ein Elektrofahrzeug umzusteigen. Diese Erkenntnis korreliert mit der Überzeugung von 84 % der Befragten, dass in zehn Jahren das Elektrofahrzeug eine echte Alternative zum Pkw mit konventioneller Antriebstechnik darstellen wird. Großstadtbewohner stimmen der Nutzung eines Elektrofahrzeugs als Stadtwagen schon jetzt in stärkerem Maß zu (66,7 %, Abbildung 6) und auch in Haushalten mit mehreren Pkws steht man der Vorstellung, ein Elektrofahrzeug als Zweitwagen zu nutzen, positiv gegenüber (55,5 % bei 3 und mehr Pkws im Haushalt, Abbildung 7). Für die Automobilindustrie und alle anderen für das Megaprojekt „nachhaltige Mobilität" Verantwortlichen in der Wirtschaft und in der Politik stellt sich nun angesichts dieser Erkenntnisse die Frage: Was kann und muss man tun, um aus dieser latenten Umstiegsbereitschaft der Pkw-Nutzer eine manifeste zu machen? Welche Motivationsanstöße muss man geben, um die heutigen Pkw-Nutzer zu einem Umstieg auf ein Elektrofahrzeug zu bewegen?

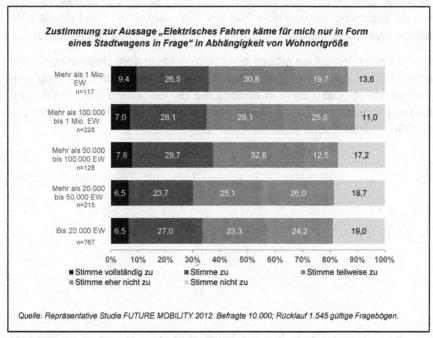

Abbildung 6: Aufgeschlossenheit für Elektrofahrzeug als Stadtwagen

Die Grundprämissen sind klar:

- der Kaufpreis und die Betriebskosten, die Total Cost of Ownership (TCO), müssen soweit gesenkt werden, dass sie auf dem Niveau der Kosten für ein Fahrzeug mit konventioneller Antriebstechnik oder allenfalls nur geringfügig darüber liegen. Dies schließt auch einen belastbaren Restwert des Fahrzeugs ein.
- die Alltags- und Gebrauchstauglichkeit muss den Erfahrungen mit den Fahrzeugen mit konventioneller Antriebstechnik entsprechen,
- Platz und sonstiger Komfort dürfen nicht wesentlich geringer sein als ihn die herkömmlichen Pkws bieten, und
- die Reichweite sollte bei durchschnittlichem Nutzerverhalten deutlich über 150 km liegen.

Wenn diese technischen und wirtschaftlichen Voraussetzungen in absehbarer Zeit geschaffen werden, kann man sagen, dass das von der Bundesregierung proklamierte Ziel bis zum Jahr 2020 mindestens eine Million Elektrofahrzeuge auf die Straße zu bringen, nicht illusorisch ist.

Außer diesen Vorgaben gibt es aber auch noch andere Bedingungen, die erfüllt sein müssen, wenn die Pkw-Nutzer auf das Elektrofahrzeug umsteigen sollen. Dazu zählt in erster Linie die Schaffung der Infrastruktur für ein problemloses Laden. Hier müssen zunächst völlig neue Konzepte und Geschäftsmodelle entwickelt werden.

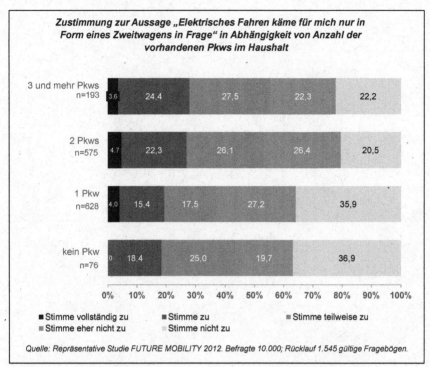

Abbildung 7:   Aufgeschlossenheit für Elektrofahrzeug als Zweitwagen

3 Erwartungen des Marktes an die Technologie

3.1 Marktsicht Fahrzeugkonzepte

Im Bereich der automobilen Antriebstechnologien erleben wir aktuell eine technologische Umbruchphase. Die Automobilindustrie investiert auf der einen Seite in die Optimierung des konventionellen Verbrennungsmotors, was konventionelle Fahrzeuge zunehmend effizienter und schadstoffärmer werden lässt. Auf der anderen Seite werden verschiedene alternative Antriebstechnologien von der Industrie erforscht und weiterentwickelt. Einleitend ist an dieser Stelle darauf hinzuweisen, dass wir bislang noch nicht von der *einen* – sich in Kürze durchsetzenden – Zukunftstechnologie sprechen können. Wir haben es mit einem Technologie*mix* und damit einer technologischen Umbruchphase zu tun. Der zunehmend effiziente Verbrennungsmotor wird mit einer Perspektive von mindestens noch 20 Jahren zukunftsfähig bleiben. Daneben werden sich die Technologien des elektrischen Fahrens mit zunehmender Leistungsfähigkeit der Batterien sukzessive am Markt etablieren. Die Hybridtechnologie (HEV), d. h. Fahrzeuge die die Bremsenergie in eine Batterie zurückspeichern, werden zunächst einen Beitrag zur Verbrauchsreduktion des konventionellen Verbrennungsmotors leisten. Hybridfahrzeuge werden nicht über das Stromnetz beladen, haben nur eine sehr kurze elektrische Reichweite und zählen daher nicht zur Elektromobilität im Sinne der Nationalen Plattform Elektromobilität (Nationale Plattform Elektromobilität 2011, S. 23). Es ist davon auszugehen, dass die Hybridtechnologie als Übergangstechnologie zu Fahrzeugen mit einer höheren elektrischen Reichweite fungieren wird und dass Hybridfahrzeuge sukzessive von Plug-in Hybridfahrzeugen und Range Extendern abgelöst werden (Bozem/Nagl/Haubrock/Rath/Schnaiter/Rennhak/Benad, 2012b, S. 63 f).

In Abbildung 8 sind verschiedene alternative Antriebstechnologien zusammengestellt. Davon stehen in den folgenden Betrachtungen die Technologien der Elektromobilität im Vordergrund.

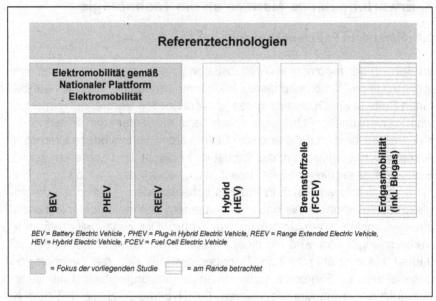

Abbildung 8:   Technologiemix alternativer Antriebstechnologien

Damit sich eine Innovation unter Wettbewerbsbedingungen am Markt behaupten kann, von sich heraus wirtschaftlich vermarktet werden kann und nicht nur durch staatliche Förderung „am Leben gehalten" wird, ist die Kenntnis der Kundenbedürfnisse bereits im frühen Entwicklungsstadium essenziell. Auf diesem Grundverständnis gründet auch die von uns durchgeführte empirische Marktstudie FUTURE MOBILITY. Vor diesem Hintergrund haben wir in der Studie unter anderem die Aufgeschlossenheit der Verbraucher für alternative Antriebstechnologien erhoben. Die Ergebnisse legen nahe, dass in der Bevölkerung offensichtlich ein grundsätzlicher Aufklärungsbedarf über alternative Antriebstechnologien besteht. Die Hälfte der Befragten gibt an, sich über alternative Antriebstechnologien wenig bis gar nicht informiert zu fühlen (Abbildung 9). Für Benzin- und Dieselantrieb geben mehr als 90 % der Befragten an, sich sehr gut bis mindestens mittelmäßig informiert zu fühlen. Für die alternativen Antriebe liegt der Anteil der sehr gut bis mittelmäßig Informierten zum Teil nur noch bei der Hälfte der Befragten bzw. sogar deutlich darunter. Am besten schneidet unter den alternativen Antriebstechnologien

noch das reine Batteriefahrzeug („Elektro") ab, was auf die starke media-
le Präsenz des Themas „Elektromobilität" der vergangenen Jahre zurückzuführen sein müsste.

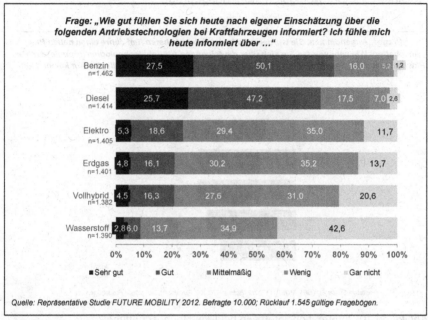

Quelle: Repräsentative Studie FUTURE MOBILITY 2012. Befragte 10.000; Rücklauf 1.545 gültige Fragebögen.

Abbildung 9: Informiertheit über alternative Antriebstechnologien

Kritisch anzumerken ist an dieser Stelle, dass Informiertheit über eine
alternative Antriebstechnologie alleine natürlich noch kein Kaufmotiv darstellt – im Gegenteil: das Wissen über die Unzulänglichkeiten einer
Technologie und damit ein hohes Informationsniveau können auch vom
Kauf abhalten. Allerdings ist Informiertheit jedoch eine wesentliche Voraussetzung für die spätere Kaufentscheidung – ein Produkt, das ich
nicht kenne, werde ich auch nicht kaufen. Vor diesem Hintergrund sehen
wir es als essenziell an, beim Verbraucher Aufklärungsarbeit über alternative Antriebstechnologien zu betreiben.

So wie die Befragten vor allem über konventionelle Antriebstechnologien
informiert sind, würden sie sich gleichermaßen bei einer Pkw-Neuanschaffung vor allem über konventionelle Antriebstechnologien und damit

über jene Technologien, die sie als marktreif und kaufrelevant erachten, informieren (Abbildung 10). Im Gegensatz hierzu ist für die am wenigsten marktreife Technologie der Brennstoffzelle („Wasserstoff"), das Informationsinteresse am wenigsten stark ausgeprägt.

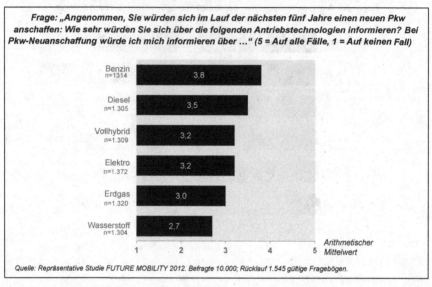

Frage: „Angenommen, Sie würden sich im Lauf der nächsten fünf Jahre einen neuen Pkw anschaffen: Wie sehr würden Sie sich über die folgenden Antriebstechnologien informieren? Bei Pkw-Neuanschaffung würde ich mich informieren über ..." (5 = Auf alle Fälle, 1 = Auf keinen Fall)

Quelle: Repräsentative Studie FUTURE MOBILITY 2012. Befragte 10.000; Rücklauf 1.545 gültige Fragebögen.

Abbildung 10: Informationsinteresse bei Pkw-Neuanschaffung

Zur weiteren Untersuchung der Präferenz für einzelne Technologien haben wir den Befragten die in Abbildung 11 dargestellten sechs Fahrzeugkonzepte vorgelegt und die Befragten gebeten, die Fahrzeugkonzepte entsprechend ihrer Präferenz in eine Rangreihung zu bringen. Dabei steht der Rang 1 für das am stärksten, der Rang 6 für das am wenigsten präferierte Fahrzeugkonzept. Die Eigenschaftsausprägungen der Fahrzeugkonzepte wurden in Anlehnung an Referenzwerte realer Fahrzeuge bzw. Modellfahrzeuge gewählt und entsprechen damit dem aktuellen Entwicklungsstand der Technologie. Abbildung 12 zeigt, dass die Befragten dem Pkw mit optimiertem Verbrennungsmotor den größten Vorzug geben. Danach folgen Plug-in Hybrid und Erdgasfahrzeug. Am schlechtesten schneiden das „reine" Elektrofahrzeug sowie die Brennstoffzelle ab. In Anbetracht der Eigenschaften der Fahrzeugkonzepte macht dieses

Ergebnis deutlich, dass die Befragten sich am ehesten für jene Technologien entscheiden würden, die ihnen marktreif und alltagstauglich erscheinen.

Frage: „Wenn Sie sich einen neuen Pkw anschaffen würden, welches der folgenden sechs Fahrzeugkonzepte (A-F) würden Sie bevorzugen (Rang 1 = höchste Präferenz)?"

Darstellung der den Befragten vorgelegten Fahrzeugkonzepte

Konzept A: Pkw mit optimiertem Verbrennungsmotor
- Antriebstechnolog.: Benzin oder Diesel
- Reichweite: ca. 700 km
- Durchschnittl. Treibstoffkosten bei 100 km: ca. 9 €
- Anschaffungskosten: ca. 25.000 €
- CO_2-Ausstoß: ca. 130 g/km

Konzept B: „Reines" Elektrofahrzeug
- Antriebstechnolog.: Strom, am Stromnetz aufladbar
- Reichweite: ca. 120-150 km b. optimierter Geschw.
- Durchschnittl. Energiekosten bei 100km: ca. 3,50 €
- Anschaffungskosten: ca. 35.000 €
- CO_2-Ausstoß bei dt. Strommix: ca. 90 g/km

Konzept C: Plug-in Hybridfahrzeug
- Antriebstechnolog.: Benzin/Strom, am Stromnetz aufladbar
- Reichweite: rein elektr. ca. 50-60 km, ges. 600 km
- Durchschnittl. Energiekosten bei 100km: ca. 4,50 €
- Anschaffungskosten: ca. 40.000 €
- CO_2-Ausstoß bei dt. Strommix: ca. 100 g/km

Konzept D: Vollhybridfahrzeug
- Antriebstechnolog.: Benzin, geringe elektr. Reich-weite durch Stromerzeugung aus „Bremskraftrück-gewinnung"
- Reichweite: rein elektr. ca. 2-3 km, ges. 700 km
- Durchschnittl. Treibstoffkosten bei 100km: ca. 6 €
- Anschaffungskosten: ca. 30.000 €
- CO_2-Ausstoß: ca. 100 g/km

Konzept E: Erdgasfahrzeug
- Antriebstechnolog.: Erdgas
- Reichweite: rein Gas ca. 450 km
- Durchschnittl. Energiekosten bei 100km: ca. 4,50 €
- Anschaffungskosten: ca. 30.000 €
- CO_2-Ausstoß : ca. 120 g/km

Konzept F: Brennstoffzelle
- Antriebstechnolog.: Wasserstoff
- Reichweite: 700 km
- Durchschnittl. Energiekosten bei 100km: ca. 9,50 €
- Anschaffungskosten: ca. 50.000 €
- CO_2-Ausstoß : ca. 100 g/km

Quelle: Repräsentative Studie FUTURE MOBILITY 2012. Befragte 10.000; Rücklauf 1.545 gültige Fragebögen.

Abbildung 11: Zur Rangreihung vorgelegte Fahrzeugkonzepte

In einem weiteren Schritt haben wir analysiert, welche Erwartungen die Befragten in Bezug auf ausgewählte Fahrzeugeigenschaften sowie den emotionalen Appeal ihres Fahrzeugs haben. Es ist zu vermuten, dass die Ansprüche an die Fahrzeugeigenschaften abhängig von der Technologiepräferenz sind.

So werden z. B. Personen, die im soeben dargestellten Technologieranking den optimierten Verbrennungsmotor auf Position „1" gesetzt haben, andere Erwartungen an die Fahrzeugeigenschaften haben als die Befragten, die sich für das „reine" Elektrofahrzeug entschieden haben.

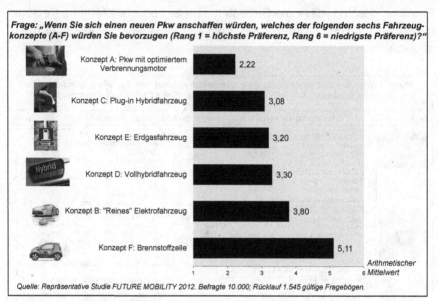

Quelle: Repräsentative Studie FUTURE MOBILITY 2012. Befragte 10.000; Rücklauf 1.545 gültige Fragebögen.

Abbildung 12: Ergebnisse des Technologierankings

Bewertung Fahrzeugeigenschaften und emotionaler Appeal

	Konzept A: Pkw m. opt. Ver- brennungsmotor	Konzept B: „Reines" Elektro- fahrzeug	Konzept C: Plug-in Hybrid- fahrzeug	Konzept D: Vollhybrid- fahrzeug	Konzept E: Erdgasfahrzeug	Konzept F: Brennstoffzelle
Platz	●	◕	●	●	●	●
Komfort	●	◕	●	●	●	◕
Beschleunigung	◕	◔	◕	◕	◑	◔
Design	◕	◔	◕	◕	◑	◔
Höchstgeschwin- digkeit	◔	◕	◔	◔	◔	◕
Markenimage	◔	◕	◑	◔	◕	◕
Sportlichkeit	◔	◕	◔	◔	◑	◕
Gesamtbewertung: Ausstattung/emo- tionaler Appeal	◕	◑	◕	◕	◑	◔

● = *sehr hoch*   ◕ = *weniger hoch*

Quelle: Repräsentative Studie FUTURE MOBILITY 2012. Befragte 10.000; Rücklauf 1.545 gültige Fragebögen.

Abbildung 13: Fahrzeugeigenschaften und emotionaler Appeal

In der Summe über alle analysierten Fahrzeugeigenschaften zeigt sich, dass Platz und Komfort unabhängig von der gewählten Technologie eine sehr hohe Wichtigkeit zugesprochen wird (Abbildung 13).

Nur die Befragten, die im Technologieranking das „reine" Elektrofahrzeug gewählt haben, sind in Bezug auf ihre Platzansprüche zu kleineren Abstrichen bereit. In dieser Gruppe gaben 93,2 % der Befragten an, dass ihnen das Kriterium „Platz" sehr wichtig bis mittelmäßig wichtig sei (Abbildung 14).

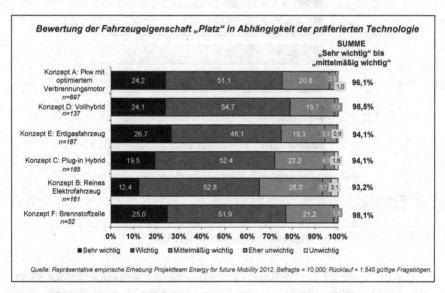

Abbildung 14: Fahrzeugeigenschaft „Platz"

Des Weiteren hat sich gezeigt, dass die anderen in unsere Analyse einbezogenen Fahrzeugeigenschaften unabhängig von der Technologie als weniger wichtig beurteilt werden als Platz und Komfort. Kriterien wie Design, Markenimage oder Sportlichkeit schneiden gegenüber Platz und Komfort als weniger bedeutsam ab.

Berücksichtigt man die Ergebnisse des Technologierankings zeigt sich, dass den Befragten, die sich für das „reine" Elektrofahrzeug, das Erdgasfahrzeug oder für die Brennstoffzelle entscheiden würden, die Fahrzeugeigenschaften „Beschleunigung" und „Markenimage" weniger wichtig sind als den Befragten, die eine andere Technologie gewählt haben (Abbildung 15 und Abbildung 16).

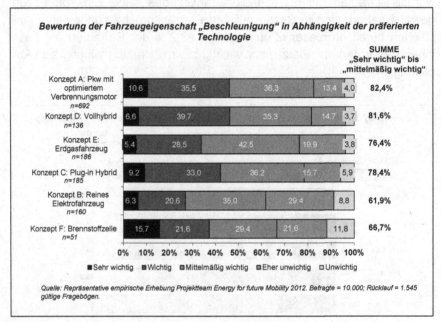

Abbildung 15: Fahrzeugeigenschaft „Beschleunigung"

Bei der Wahl dieser Technologien stehen andere Fahrzeugeigenschaften – wie die Umweltfreundlichkeit des Fahrzeugs oder niedrige Betriebskosten – im Vordergrund.

In der Summe lassen die hier dargestellten Analysen zur Bedeutung unterschiedlicher Fahrzeugeigenschaften sowie zum emotionalen Appeal des Fahrzeugs wiederum den Schluss zu, dass bei der Kaufentscheidung für den Verbraucher vor allem das Kriterium der Alltagstauglichkeit im Vordergrund steht.

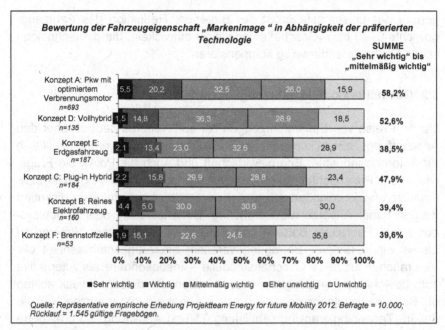

Abbildung 16: Fahrzeugeigenschaft „Markenimage"

Die Ergebnisse zeigen immer wieder, dass Eigenschaften wie Reichweite, Anschaffungspreis und Betriebskosten, Kraftstoffverbrauch sowie Platz und Komfort einen wesentlichen Ausschlag beim Treffen der Kaufentscheidung geben. Die vergleichsweise untergeordnete Wichtigkeit der emotionalen Aspekte des Autokaufs – Sportlichkeit, Markenimage oder Höchstgeschwindigkeit – mögen in Teilen auch auf die von uns gewählte nicht qualitativ-psychologische Forschungsmethodik zurückzuführen sein, sodass sich die befragten Verbraucher möglicherweise rationaler geben als sie tatsächlich sind. Hinzukommt der in Kapitel 2.2 diskutierte Aspekt, dass sich in der Vorstellungswelt der Verbraucher bis heute noch kein typisches Designkonzept oder Markenimage für einen alternativen Antrieb verfestigt hat. Dies dürfte sich in den nächsten Jahren ändern. Fest steht jedoch trotzdem, dass die Erfüllung der Verbraucherbedürfnisse in puncto Alltagstauglichkeit erfolgsentscheidend für die Vermarktung alternativer Antriebstechnologien ist. Die Unternehmen sind daher gefordert, die Technologien in Richtung Alltagstauglichkeit weiterzuentwickeln (Stei-

gerung der Leistungsfähigkeit der Batterien, Reduktion des Fahrzeug-
gewichts u. a.) bzw. Geschäftsmodelle zu entwickeln, die die technologischen Nachteile anderweitig kompensieren.

3.2 Geschäftsmodelle Fahrzeugkonzepte

Da die Preise von Elektrofahrzeugen bis auf Weiteres deutlich über den
Anschaffungspreisen konventioneller Fahrzeuge liegen werden, stellt sich
für Automobilindustrie, Energiewirtschaft und auch die Politik die Frage,
wie dieser Preisnachteil durch die Gestaltung attraktiver Angebote bzw.
Finanzierungskonditionen ausgeglichen werden kann. Intensiv diskutiert
werden daher Ansätze wie Carsharing, Batterieleasing oder Bündelpro-
dukte aus Fahrzeug, Batterie und Autostrom. Vor diesem Hintergrund
haben wir in unserer Befragung versucht die Aufgeschlossenheit der
Verbraucher für neue Geschäftsmodelle – insbesondere als Alternative
zum gewohnten Fahrzeugkauf – zu erheben. Zu diesem Zweck sollten
die Befragungsteilnehmer zunächst eine Angabe darüber machen, ob sie
das im Technologieranking (Abbildung 11 und Abbildung 12) präferierte
Fahrzeug kaufen, leasen oder mittels Carsharing nutzen wollen würden.
Unabhängig von der Entscheidung für eines der Fahrzeugkonzepte hatte
bei der überwiegenden Zahl der Befragten (zum Teil deutlich mehr als
drei Viertel) der Kauf des Autos Vorrang vor Leasing oder Carsharing.
Das Elektroauto konnten sich die Befragten noch am ehesten im Carsharing vorstellen, Leasing wurde noch am ehesten für das Vollhybridfahrzeug oder die Brennstoffzelle gesehen (Abbildung 17).

Das Ergebnis zeigt, dass die Befragten in der Mehrheit nach wie vor den
Fahrzeugkauf anstreben. Allerdings tun sich gerade in Verbindung mit
neuen Technologien wie dem „reinen" Batteriefahrzeug Optionen für
neue Geschäftsmodelle wie Carsharing auf.

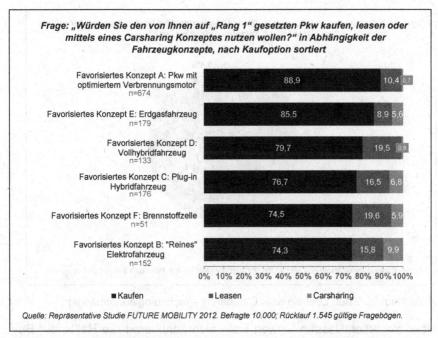

Abbildung 17: Kauf, Leasing oder Carsharing – technologieabhängig

Das Thema „Carsharing" wird aktuell breitflächig diskutiert und zahlreiche Automobilhersteller versuchen in diesem Markt Fuß zu fassen, um den sinkenden Absatzzahlen vor allem bei jungen Kunden zu begegnen. Deshalb haben wir uns in unserer Untersuchung mit der Frage auseinander gesetzt, welche Aspekte die Attraktivität von Carsharing begünstigen. Unser Datenmaterial zeigt, dass Faktoren wie Technologie, Alter, Einkommen und Wohnortgröße in Zusammenhang mit dem Interesse der Verbraucher an Carsharing zu stehen scheinen.

Insgesamt steht – wie bereits oben ausgeführt – für die Mehrheit der Befragten nach wie vor der Fahrzeugkauf im Vordergrund. Ohne Berücksichtigung der Fahrzeugtechnologie möchten 83,8 % der Befragten das im Technologieranking präferierte Fahrzeug kaufen (Abbildung 18), erst bei getrennter Auswertung nach Technologien zeigt sich das in Abbildung 17 veranschaulichte Ergebnis, wonach die Befragten in Verbindung mit dem reinen Batteriefahrzeug ein höheres Interesse an Carsharing haben.

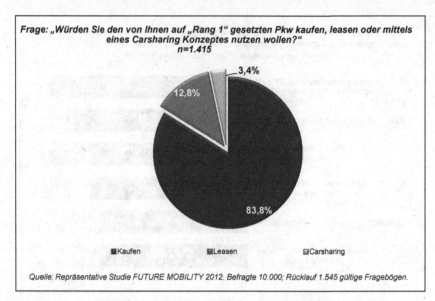

Abbildung 18: Kauf, Leasing oder Carsharing – technologieunabhängig

Über alle Altersklassen hinweg kann sich annähernd die Hälfte der Befragten (43 %) vorstellen, das elektrische Fahren im Rahmen eines Carsharing-Netzwerks auszuprobieren. In Abhängigkeit vom Alter der Befragten zeigt sich, dass die jüngeren Befragten der Aussage „Elektrisches Fahren käme für mich in einem Carsharing-Netzwerk in Frage" verhältnismäßig stärker zustimmen als ältere Befragte (Abbildung 19).

Während 66,5 % der 18 bis 25-Jährigen Interesse an der Nutzung eines Elektrofahrzeugs in einem Carsharing-Netzwerk zeigen, trifft dies für nur 32,8 % der über 65-Jährigen zu. Wie auch die praktischen Erfahrungen zeigen, scheinen insofern die Jüngeren Carsharing gegenüber aufgeschlossener zu sein und können sich in diesem Kontext auch die Nutzung eines Elektrofahrzeugs vorstellen.

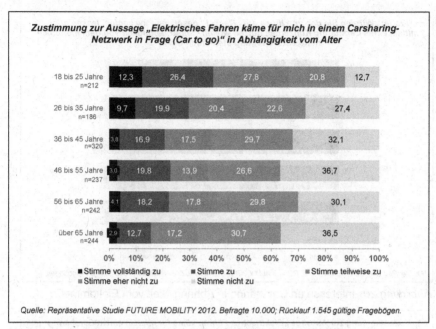

Abbildung 19: Interesse an Carsharing in Abhängigkeit vom Alter

Des Weiteren scheint ein Zusammenhang zwischen dem verfügbaren Haushaltseinkommen und dem Interesse an Carsharing zu bestehen. Während 5,5 % der Befragten mit einem monatlich verfügbaren Haushaltseinkommen von bis zu 1.500 € das im Technologieranking präferierte Fahrzeug im Rahmen von Carsharing nutzen wollen würden, ist dies nur für 1,6 % der Befragten mit mehr als 5.500 € monatlich der Fall (Abbildung 20).

Schließlich hängt das Interesse an Carsharing offensichtlich mit der Wohnortgröße der Befragten zusammen. In ländlicheren Gegenden (bis 50.000 Einwohner) fällt das Interesse an Carsharing deutlich geringer aus als unter den Bewohnern von größeren Städten und Großstädten (Abbildung 21 und Abbildung 22).

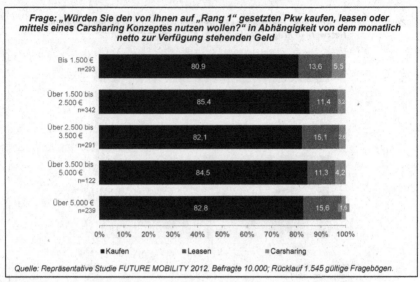

Quelle: Repräsentative Studie FUTURE MOBILITY 2012. Befragte 10.000; Rücklauf 1.545 gültige Fragebögen.

Abbildung 20: Interesse an Carsharing in Abhängigkeit vom Einkommen

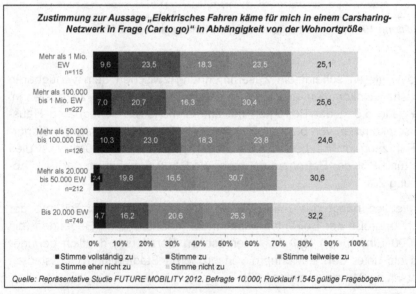

Quelle: Repräsentative Studie FUTURE MOBILITY 2012. Befragte 10.000; Rücklauf 1.545 gültige Fragebögen.

Abbildung 21: Interesse an Carsharing in Abhängigkeit von der Wohnortgröße
(1/2)

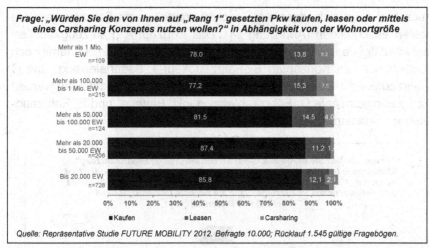

Frage: „Würden Sie den von Ihnen auf „Rang 1" gesetzten Pkw kaufen, leasen oder mittels eines Carsharing Konzeptes nutzen wollen?" in Abhängigkeit von der Wohnortgröße

Quelle: Repräsentative Studie FUTURE MOBILITY 2012. Befragte 10.000; Rücklauf 1.545 gültige Fragebögen.

Abbildung 22: Interesse an Carsharing in Abhängigkeit von der Wohnortgröße (2/2)

Im nächsten Schritt haben wir uns speziell der Frage nach der Ausgestaltung von Geschäftsmodellen für reine Elektrofahrzeuge gewidmet und den Befragten fünf alternative Möglichkeiten zur Nutzung eines reinen Elektrofahrzeugs zur Rangreihung vorgelegt (Abbildung 23).

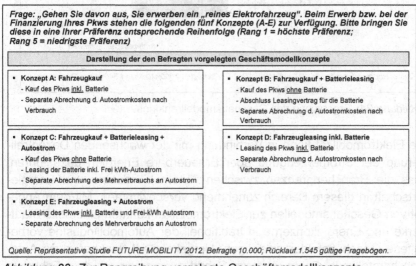

Frage: „Gehen Sie davon aus, Sie erwerben ein „reines Elektrofahrzeug". Beim Erwerb bzw. bei der Finanzierung Ihres Pkws stehen die folgenden fünf Konzepte (A-E) zur Verfügung. Bitte bringen Sie diese in eine Ihrer Präferenz entsprechende Reihenfolge (Rang 1 = höchste Präferenz; Rang 5 = niedrigste Präferenz)

Darstellung der den Befragten vorgelegten Geschäftsmodellkonzepte

- **Konzept A: Fahrzeugkauf**
  - Kauf des Pkws inkl. Batterie
  - Separate Abrechnung d. Autostromkosten nach Verbrauch

- **Konzept B: Fahrzeugkauf + Batterieleasing**
  - Kauf des Pkws ohne Batterie
  - Abschluss Leasingvertrag für die Batterie
  - Separate Abrechnung d. Autostromkosten nach Verbrauch

- **Konzept C: Fahrzeugkauf + Batterieleasing + Autostrom**
  - Kauf des Pkws ohne Batterie
  - Leasing der Batterie inkl. Frei kWh-Autostrom
  - Separate Abrechnung des Mehrverbrauchs an Autostrom

- **Konzept D: Fahrzeugleasing inkl. Batterie**
  - Leasing des Pkws inkl. Batterie
  - Separate Abrechnung d. Autostromkosten nach Verbrauch

- **Konzept E: Fahrzeugleasing + Autostrom**
  - Leasing des Pkws inkl. Batterie und Frei-kWh Autostrom
  - Separate Abrechnung des Mehrverbrauchs an Autostrom

Quelle: Repräsentative Studie FUTURE MOBILITY 2012. Befragte 10.000; Rücklauf 1.545 gültige Fragebögen.

Abbildung 23: Zur Rangreihung vorgelegte Geschäftsmodellkonzepte

Auch hier zeigt sich, dass die Geschäftsmodelle zum Fahrzeugkauf am besten abschneiden (Abbildung 24). Das Konzept A „Fahrzeugkauf" erhält im Mittel über alle Befragten einen Rang von 1,9 und liegt damit noch deutlich vor den Konzepten B „Fahrzeugkauf + Batterieleasing" und C „Fahrzeugkauf + Batterieleasing + Autostrom". Am schlechtesten werden die Leasingkonzepte D „Fahrzeugleasing inkl. Batterie" und E „Fahrzeugleasing + Autostrom" beurteilt.

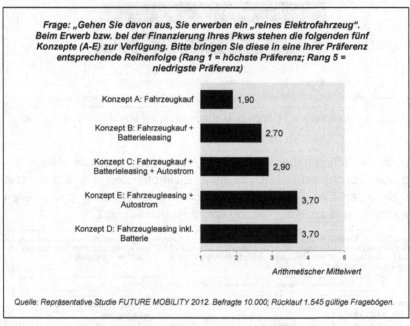

*Frage: „Gehen Sie davon aus, Sie erwerben ein „reines Elektrofahrzeug".
Beim Erwerb bzw. bei der Finanzierung Ihres Pkws stehen die folgenden fünf
Konzepte (A-E) zur Verfügung. Bitte bringen Sie diese in eine Ihrer Präferenz
entsprechende Reihenfolge (Rang 1 = höchste Präferenz; Rang 5 =
niedrigste Präferenz)*

Konzept A: Fahrzeugkauf — 1,90

Konzept B: Fahrzeugkauf + Batterieleasing — 2,70

Konzept C: Fahrzeugkauf + Batterieleasing + Autostrom — 2,90

Konzept E: Fahrzeugleasing + Autostrom — 3,70

Konzept D: Fahrzeugleasing inkl. Batterie — 3,70

Arithmetischer Mittelwert

Quelle: Repräsentative Studie FUTURE MOBILITY 2012. Befragte 10.000; Rücklauf 1.545 gültige Fragebögen.

Abbildung 24: Ergebnisse des Geschäftsmodellrankings

Die Elektromobilität kann in Verbindung mit der wachsenden Dezentralisierung der Stromerzeugung über Erneuerbare Energien dazu führen, dass die Branchengrenzen zwischen Automobilindustrie und Energiewirtschaft in diesem Bereich zunehmend verschwimmen. Mit dem Angebot von Geschäftsmodellen zur Elektromobilität könnten einerseits Stadtwerke und Energiekonzerne in traditionell der Automobilindustrie vorbehaltene Geschäftsfelder eindringen. Umgekehrt ist denkbar, dass Automobilhersteller in einem weiteren Schritt zusammen mit dem Fahrzeug

auch den Ladestrom vermarkten oder über die Beteiligung an Erneuerbaren Stromerzeugungsanlagen (z. B. Windparkbeteiligung von VW)
ursprüngliche Geschäftsaktivitäten der Energiewirtschaft übernehmen. Es
bleibt folglich abzuwarten, welche der beiden Branchen den Wettbewerb
um die Kundenschnittstelle für sich entscheiden wird bzw. wie sich Energiewirtschaft und Automobilindustrie gemeinsam gegenüber dem Kunden
positionieren werden. Um ein Gefühl dafür zu bekommen, wie die beiden
Branchen in Bezug auf die Elektromobilität heute in der Verbraucher-
wahrnehmung aufgestellt sind, haben wir die Teilnehmer unserer Studie
gefragt, bei wem sie das auf Position 1 gerankte Konzept nachfragen
würden (Abbildung 25). Es zeigt sich, dass die Befragten Energieunternehmen heute noch nicht als potenzielle Mobilitätsdienstleister wahrnehmen. 58,1 % der Befragten geben an, dass sie das Fahrzeug bei
einem Autohaus und den Strom von einem Energieunternehmen würden
erwerben wollen. 37,7 % der Befragten würden das Komplettpaket „Fahrzeug + Strom" bei einem Autohaus nachfragen und lediglich 3,4 % sehen
ein Energieunternehmen als die richtige Adresse für den gebündelten
Bezug von Fahrzeug und Fahrstrom. Das heißt, für die große Mehrheit
der Befragten setzen sich die heute bestehenden Branchengrenzen zwischen Energiewirtschaft und Automobilindustrie auch in der Elektromobilität fort (d. h. Angebot des Fahrzeugs durch ein Autohaus und Strombe-
zug vom Energieunternehmen). Wenn aber das Produktbündel „Fahrzeug + Fahrstrom" aus einer Hand bezogen werden soll, können sich die
Verbraucher dies wesentlich eher von einem Autohaus als von einem
Energieunternehmen vorstellen (37,5 % im Vergleich zu 3,4 %). Hierin
besteht ein signifikantes strategisches Bedrohungspotenzial für die Energieunternehmen, die den Einstieg in die Elektromobilität z. B. über umfassende Mobilitätsangebote planen.

Dieses Ergebnis setzt sich in ähnlicher Weise für jene Befragten fort, die
Fahrzeugkonzepte mit Batterieleasing (B und C) auf Rang 1 gesetzt haben – jedoch mit einem Unterschied: Mit 34,9 % kann sich ein wesentlich
größerer Teil der Befragten vorstellen, die Batterie bei einem Energieunternehmen zu leasen (Abbildung 26). Dennoch setzt insgesamt auch hier
die Mehrheit der Befragten auf das Autohaus – 53,5 % und damit die
Mehrheit der Befragten würde die Batterie über ein Autohaus leasen wollen.

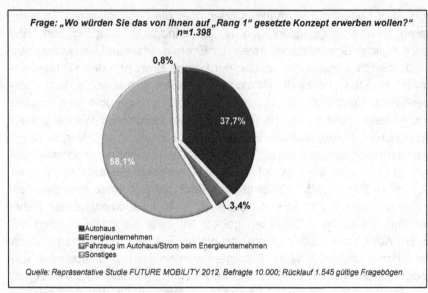

Abbildung 25: Potenzielle Mobilitätsdienstleister für Elektromobilität

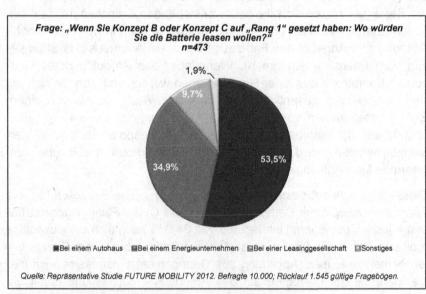

Abbildung 26: Potenzielle Dienstleister für Batterieleasing

4 Erwartungen des Marktes an das Laden

Ein weiteres Ziel unserer Studie FUTURE MOBILITY bestand darin, zu untersuchen, welche Präferenzen sich beim Laden von Elektrofahrzeugen sowie beim Bezahlen von Ladestrom zeigen und von welchen Faktoren diese jeweils determiniert werden.

4.1 Präferenz für den Ladeort

Um Aufschluss darüber zu erhalten, inwieweit die Verbraucher in Abhängigkeit ihrer individuellen Wohn-/Parksituation sowie der Häufigkeit der Pkw-Nutzung unterschiedliche Ladeorte präferieren, haben wir die folgenden Zusammenhänge empirisch untersucht:

- Inwiefern wird die Wahl zum Beladen des Elektrofahrzeugs in Abhängigkeit von der Wohnsituation getroffen? Wollen z. B. Personen, die in einem Einfamilienhaus oder einem Doppelhaus/Reihenhaus wohnen, eher zu Hause laden?

- Verfügen Personen, die in einem Einfamilienhaus oder einem Doppelhaus/Reihenhaus wohnen, eher zu Hause über einen festen Stellplatz mit Zugang zum Stromnetz als Personen, die in einem Wohnblock mit vielen Parteien wohnen?

- Ist die Präferenz für den Ladeort abhängig von der Zeit, die tagsüber oder nachts zum Beladen des Fahrzeugs zur Verfügung gestellt werden kann?

- Inwiefern bevorzugen Vielfahrer öffentliche Lademöglichkeiten in Parkhäusern, auf Parkplätzen oder entlang der Straße?

Unsere Daten zeigen, dass für die Befragten unabhängig von ihrer individuellen Wohnsituation eine Lademöglichkeit zu Hause sehr wichtig oder wichtig ist (Abbildung 27). Dies gilt für 96,2 % der Befragten, die in einem Einfamilienhaus leben und für 97,3 % der Befragten, die in einem Doppel-/Reihenhaus wohnen. Mit 93,5 % fällt die Zustimmung, dass das Laden zu Hause sehr wichtig oder wichtig sei, bei den Befragten, die in einem Mehrfamilienhaus mit mehreren Parteien leben, nur marginal niedriger aus.

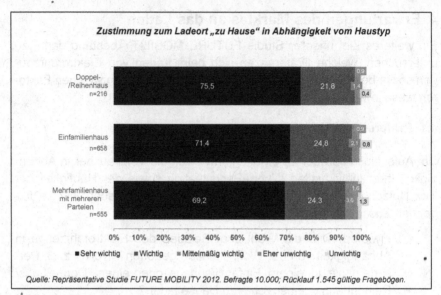

Quelle: Repräsentative Studie FUTURE MOBILITY 2012. Befragte 10.000; Rücklauf 1.545 gültige Fragebögen.

Abbildung 27: Ladeort „zu Hause" in Abhängigkeit vom Haustyp

Wenn die Befragten in Abhängigkeit ihrer Wohnsituation unterschiedliche Ladeorte präferieren würden, müsste man annehmen, dass Personen, die in einem Mehrfamilienhaus mit mehreren Parteien leben – und deshalb in Ermangelung eines eigenen Parkplatzes mit Lademöglichkeit – eine stärkere Präferenz für Lademöglichkeiten abseits ihres Wohnortes haben müssten. Wenn man zu Hause über keine Lademöglichkeit verfügt, müsste man andere Ladeorte wie das Laden am Arbeitsplatz, in öffentlichen Parkhäusern/Parkplätzen, entlang der Straße oder das Schnellladen z. B. an der Tankstelle bevorzugen. Abbildung 28 zeigt, dass dem nicht eindeutig so ist. Unabhängig von der Wohnsituation sind die genannten Ladeorte abseits der eigenen Wohnung den Befragten mindestens mittelmäßig wichtig. Es ist allenfalls eine leichte Tendenz erkennbar, dass Bewohner von Mehrfamilienhäusern ein stärkeres Interesse an öffentlichen Lademöglichkeiten haben und auch den Ladeort am Arbeitsplatz stärker präferieren als Bewohner von Einfamilien- und Doppel-/Reihenhäusern. Wir ziehen daher das Fazit, dass es bei den Befragten keine klare Präferenz für einen bestimmten Ladeort in Abhängigkeit von der jeweiligen Wohnsituation gibt. Das Laden zu Hause bzw. in der nahen Umgebung der Wohnung ist allen Befragten wichtig.

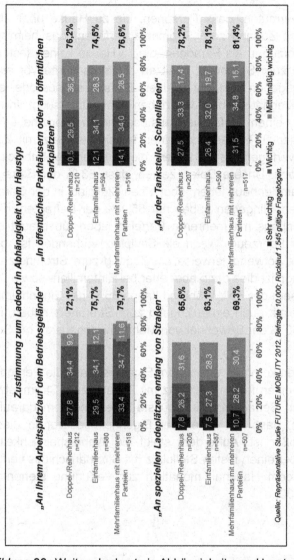

Abbildung 28: Weitere Ladeorte in Abhängigkeit vom Haustyp

4.1.1   Verfügbarkeit eines festen Stellplatzes

Es ist zu vermuten, dass Personen, die zu Hause über einen festen Stellplatz mit Zugang zum Stromnetz verfügen, das heimische Laden stärker bevorzugen als Personen, die zu Hause keinen festen Stellplatz mit Zugang zum Stromnetz besitzen. Ersteres dürfte vor allem für die Personen gegeben sein, die in einem Einfamilienhaus oder einem Doppelhaus/Reihenhaus leben. Wir haben daher untersucht, inwiefern Personen, die in einem Einfamilienhaus oder einem Doppelhaus/Reihenhaus wohnen, eher zu Hause über einen festen Stellplatz mit Zugang zum Stromnetz verfügen als Personen, die in einem Wohnblock mit vielen Parteien leben. Unsere Daten zeigen, dass 83 % der Befragten, die in einem Einfamilienhaus leben, über einen Stellplatz in der Garage/im Carport verfügen. Hingegen haben nur 55,1 % der Befragten, die in einem Mehrfamilienhaus mit mehreren Parteien leben, überhaupt einen Stellplatz für ihr Fahrzeug. Wenn ein Stellplatz vorhanden ist, besteht dort jedoch nicht notwendigerweise ein Zugang zum Stromnetz. Wie Abbildung 29 zeigt, ist dies dann aber eher bei Einfamilien- sowie Doppel- und Reihenhäusern der Fall: Während knapp 85 % der Eigenheimbesitzer an ihrem Stellplatz auch einen Zugang zum Stromnetz haben, ist dies nur bei knapp 50 % der Bewohner von Mehrfamilienhäusern mit Stellplatz der Fall.

Des Weiteren kommen wir zu dem Ergebnis, dass die Personen über 36 Jahre eher einen festen Stellplatz mit Zugang zum Stromnetz haben als die jüngeren Befragten. Dies müsste unter anderem darauf zurückzuführen sein, dass der Anteil der Eigenheimbesitzer in diesen Altersklassen größer ist. Außerdem steigt die Wahrscheinlichkeit, dass ein Haushalt über einen festen Stellplatz mit Stromanschluss verfügt, mit der Höhe des dem Haushalt monatlich zur Verfügung stehenden Geldes (Abbildung 30).

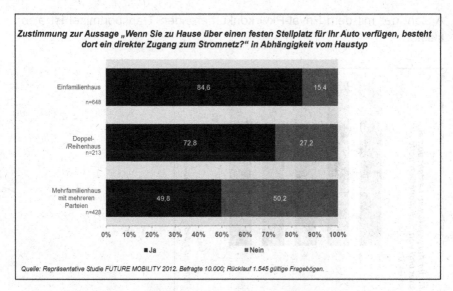

Abbildung 29: Zugang zum Stromnetz am Fahrzeugstellplatz

In der letzten Zeit wird vermehrt über die Attraktivität der Elektromobilität für die Bevölkerung auf dem Land bzw. im „Speckgürtel" von Groß-städten diskutiert. Im innerstädtischen Bereich selbst werden viele Wege zu Fuß, mit den öffentlichen Verkehrsmitteln oder mit dem Fahrrad be-wältigt und ein Auto – und dies gilt für Elektrofahrzeuge wie für kon-ventionelle Technologien – wird oftmals wegen des hohen Verkehrsauf-kommens und der begrenzten Parkmöglichkeiten eher als störend emp-funden. Für die Bewohner von Innenstadtwohnungen stellt sich zudem die Frage, wo sie ihr Elektrofahrzeug laden können, wenn sie eben kei-nen festen Stellplatz haben oder dieser nicht mit einem Stromanschluss ausgestattet ist. Auf dem Land hingegen und insbesondere im Einzugs-bereich von größeren Städten verfügt ein Großteil der Befragten über einen festen Stellplatz (Abbildung 31). Die Schaffung der notwendigen infrastrukturellen Voraussetzungen für das Laden der Fahrzeuge ist an den hier vorhandenen Stellplätzen wesentlich einfacher als im innerstäd-tischen Bereich, wo Fahrzeuge vielfach am Straßenrand parken. Außer-dem können außerhalb von Städten viele Wege nicht mehr zu Fuß, mit öffentlichen Verkehrsmitteln oder mit dem Fahrrad bewältigt werden. Die

Anzahl der mit dem Privat-Pkw konkurrierenden Transportmittel ist also kleiner.

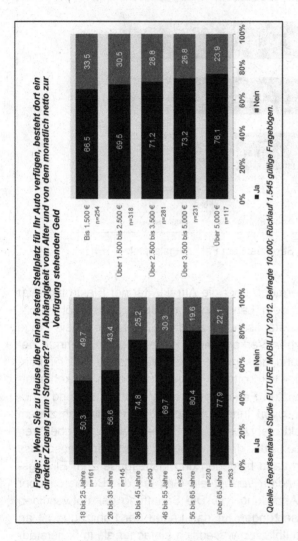

Abbildung 30: Zugang zum Stromnetz am Stellplatz in Abhängigkeit von Alter und Einkommen

Die Pendeldistanz zum Arbeitsplatz oder auch Einkäufe werden in der Regel mit dem Auto erledigt. Auch wenn sich Elektromobilität in der ersten Zeit sicherlich verstärkt im städtischen Umfeld entwickeln wird, sollte aus den oben beschriebenen infrastrukturellen Gründen das Potenzial der Elektromobilität auf dem Land keinesfalls vernachlässigt werden.

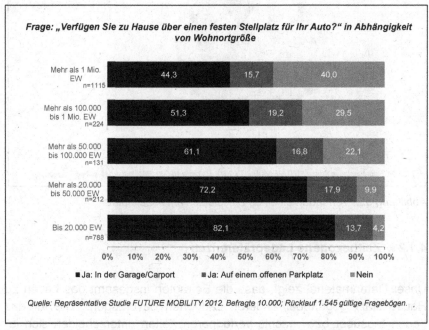

Frage: „Verfügen Sie zu Hause über einen festen Stellplatz für Ihr Auto?" in Abhängigkeit von Wohnortgröße

Quelle: Repräsentative Studie FUTURE MOBILITY 2012. Befragte 10.000; Rücklauf 1.545 gültige Fragebögen.

Abbildung 31: Verfügbarkeit eines Stellplatzes nach Wohnortgröße

Die in unserer Studie befragten Personen sehen das Zuhause als wichtigsten Ladeort. Abhängig von der Entfernung zwischen Wohnort und Arbeitsplatz wird aber auch das Laden am Arbeitsplatz künftig für so manchen Elektrofahrzeugnutzer notwendig sein. Voraussetzung ist dann wiederum die Verfügbarkeit eines festen Stellplatzes am Arbeitsplatz. Knapp die Hälfte der in unserer Untersuchung befragten Personen hat angegeben, am Arbeitsplatz über einen festen Stellplatz – entweder in einem Parkhaus oder auf einem offenen Parkplatz – zu verfügen (Abbildung 32).

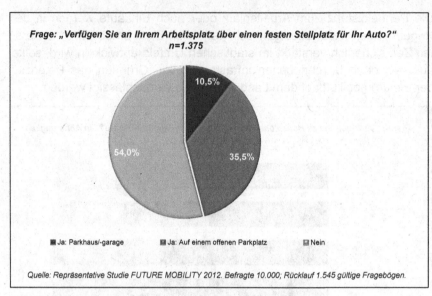

Frage: „Verfügen Sie an Ihrem Arbeitsplatz über einen festen Stellplatz für Ihr Auto?"
n=1.375

◼ Ja: Parkhaus/-garage   ◪ Ja: Auf einem offenen Parkplatz   ◪ Nein

Quelle: Repräsentative Studie FUTURE MOBILITY 2012. Befragte 10.000; Rücklauf 1.545 gültige Fragebögen.

Abbildung 32: Verfügbarkeit eines Stellplatzes am Arbeitsplatz

4.1.2   Zeitbezogene Ladepräferenzen

Unser Datenmaterial zeigt, dass die Befragten insgesamt das Laden zu Hause stark gegenüber anderen Ladeorten bevorzugen.[1] Die für das Laden tagsüber bzw. nachts verfügbaren Zeiten unterscheiden sich jedoch stark voneinander. Während tagsüber nur 44,5 % der Befragten über 3 Stunden Zeit für das Laden des Elektrofahrzeugs zur Verfügung hat, hätten zwischen 19 und 7 Uhr mehr als 70 % der Befragten mehr als 6 Stunden Zeit zum Be- und Entladen des Fahrzeugs. Daraus ergibt sich die Frage, ob die Präferenz für einen Ladeort von der Zeit, die tagsüber oder nachts zum Beladen des Fahrzeugs zur Verfügung gestellt werden kann, abhängig ist.

---

[1] Wichtigkeit von Ladeorten: "Zu Hause": 97,9%; „An der Tankstelle: Schnellladen": 79,4%; „Arbeitsplatz/Betriebsgelände": 76,8%; „Öffentliche Parkhäuser/-plätze": 75,5%; „Spezielle Ladeplätze entlang Straßen": 68,1%.

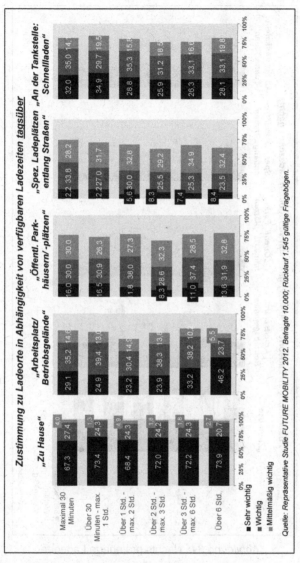

Abbildung 33: Tagsüber präferierte Ladeorte

Abbildung 33 zeigt, dass den Befragten tagsüber sowohl das Laden zu Hause als auch das Schnellladen besonders wichtig ist.

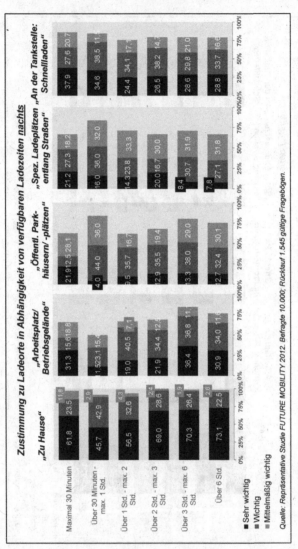

Abbildung 34: Nachts präferierte Ladeorte

Abbildung 34 macht deutlich, dass dies auch für das Laden in der Nacht gilt. Am Arbeitsplatz wären hingegen kurze Ladezyklen nachts weniger interessant als tagsüber, dafür wären öffentliche Parkhäuser/-plätze und Ladeplätze entlang von Straßen attraktiver.

4.1.3 Präferenz von Vielfahrern

Schlussendlich haben wir uns die Frage gestellt, inwiefern Vielfahrer – die oft unterwegs sind – eine Präferenz für öffentliche, unterwegs zugängliche Lademöglichkeiten haben. Unser Datenmaterial zeigt, dass auch Vielfahrer, die mehr als 30.000 km im Jahr zurücklegen, wie alle anderen Befragten das Laden zu Hause gegenüber allen anderen Ladeorten bevorzugen (Abbildung 35). In der Praxis kommt schließlich hinzu, dass Vielfahrer typischerweise keine Fahrer von rein batterieelektrischen Fahrzeugen sein werden, deren Einsatzbereich mittelfristig auf den innerstädtischen Bereich bzw. das Einzugsgebiet beschränkt bleibt.

Abbildung 35: Präferierte Ladeorte von Vielfahrern

In der Summe bedeutet dies, dass der klassische Vielfahrer[2] keinen er-

---

[2] Gemeint sind hier klassische Vielfahrer wie Außendienstmitarbeiter, Berufspendler etc. Ausgenommen sind an dieser Stelle auf den innerstädtischen Einsatz bezogene Flotten von z. B. Taxiunternehmen, Liefer- und Servicefahrzeugen. Letztere können im Unter-

höhten Bedarf an öffentlich zugänglicher Schnellladeinfrastruktur erkennt. Der Bedarf an Schnellladeinfrastruktur dürfte deshalb auf den innerstädtischen Bereich oder auf Betriebsparkplätze u. ä. begrenzt bleiben. Entlang von Autobahnen und Landstraßen ist mithin aus den Studienergebnissen heraus kein signifikanter Bedarf an Schnellladesäulen zu erwarten.

4.2 Präferenz Ladezeit und -dauer

Das Bundesministerium für Verkehr, Bau und Stadtentwicklung kommt in einer Studie zu dem Ergebnis, dass die Schwachstellen bei der Nutzung eines Elektrofahrzeugs die lange Ladedauer und die eingeschränkte Reichweite sind und somit diese Faktoren die Nutzungsbereitschaft hemmen.[3] Die Alltagstauglichkeit von Elektrofahrzeugen wird aus technischer Sicht durch eine lange Ladedauer und eine begrenzte Reichweite eingeschränkt. Abgesehen davon sind aus ökonomischer Sicht Elektrofahrzeuge teurer als vergleichbare Pkws mit Verbrennungsmotor. Neben der Ausdehnung der Reichweite und der Reduzierung der Batteriekosten werden kürzere Ladezeiten Bestandteil zukünftiger Entwicklungen sein. Pkw mit Verbrennungsmotor weisen eine Reichweite von bis zu ca. 1.000 km auf. Im Vergleich dazu erreichen derzeit rein elektrisch betriebene Fahrzeuge – abhängig von der Außentemperatur – meist nicht einmal 150 km (Rath/Bozem 2013, S. 79). Experten sind zuversichtlich, dass in naher Zukunft eine Reichweitenvergrößerung bei reinen Batteriefahrzeugen auf 200-250 km realistisch ist (BMWi 2009, S. 10). Ein Leuchtturmprojekt der Nationalen Plattform Elektromobilität hat die Entwicklung für eine Batterie mit einer Energiedichte von 250 Wh/kg gestartet, was der Reichweite von 250-300 km eines kompakten Elektrofahrzeugs entspricht.[4] Bisher bekannte und einsetzbare Batteriematerialien stoßen allerdings bei diesem Ziel an ihre theoretischen Grenzen

---

schied zu Vielfahrern – die typischerweise lange Strecken „am Stück" zurücklegen – zwischen einzelnen Fahrten laden.

[3] Bundesministerium für Verkehr, Bau und Stadtentwicklung 2012

[4] Das Verbundprojekt Alpha-Laion wurde 2012 ins Leben gerufen und hat eine Laufzeit von drei Jahren. Konstruktionspraxis 2013

(BMWi 2009, S. 38). Somit kann ein Elektrofahrzeug in absehbarer Zeit nicht die Reichweite heutiger Verbrennungsmotoren erreichen.

Bei den Aussichten auf kürzere Ladezeiten von Elektrofahrzeugen klingen die angestrebten Entwicklungen vielversprechender. Die laufenden Entwicklungen führen dazu, dass sich die Ladezeit marktreifer Batterien innerhalb der nächsten Jahre von mehreren Stunden auf wenige Minuten verkürzen wird. Die Nutzer sind an Langstreckentauglichkeit von Pkws gewohnt und da die eingeschränkte Reichweite von E-Fahrzeugen von den Verbrauchern nicht akzeptiert wird, kann dies durch Schnellladen kompensiert werden. Vor allem im öffentlichen Bereich kann der Nutzer nicht stundenlang auf seinen Pkw verzichten und warten bis der Pkw vollgeladen ist. Die Schnellladefähigkeit ist für das Laden an öffentlich zugänglichen Ladepunkten wichtiger als für Lademöglichkeiten im privaten Bereich. Das Schnellladen unter 15 Minuten ist bereits heute möglich, allerdings geht dies noch zu Lasten der Batterielebensdauer und ist somit noch nicht zur Anwendungsreife entwickelt. Die technischen Entwicklungen sagen voraus, dass bis 2015 ein Ladevorgang unter einer halben Stunde abgeschlossen ist (Bürkle 2011, S. 15).

Die Ausdehnung der Reichweite und die Verkürzung der Ladezeit sind unterschiedliche Möglichkeiten, die Nutzungseigenschaften elektrischer Fahrzeuge an jene von herkömmlich angetriebenen Fahrzeugen anzunähern. Unter den diskutierten Gesichtspunkten scheint es, dass eine kürzere Ladezeit sich technisch leichter und schneller realisieren lässt. Unumgänglich wird die berechtigte Frage auftauchen, ab wann der Verbraucher zufrieden ist und die reduzierte Ladedauer akzeptiert oder aus der umgekehrten Sichtweise, ab wann die Ladedauer nicht mehr die Nutzungsbereitschaft hemmt. Da die Standzeiten[5] eines Fahrzeugs, abhängig von der Tageszeit, unterschiedlich sind, wird davon ausgegangen, dass die Standzeit einen Einfluss auf die akzeptierte Ladedauer im Individualverkehr hat. Zur Überprüfung dieses Zusammenhangs haben wir verglichen, wie viel Zeit die Befragten tagsüber (zwischen 8 und 18 Uhr)

---

[5] Unter der Standzeit eines Pkws wird die Dauer verstanden, in der der Pkw nicht bewegt und nicht aktiv genutzt wird. Die Standzeit ist unabhängig vom Ort an dem der Pkw steht.

und nachts (zwischen 19 und 7 Uhr) zum Laden des Elektrofahrzeugs zur Verfügung stellen könnten (Abbildung 36). Es ist offensichtlich, dass die

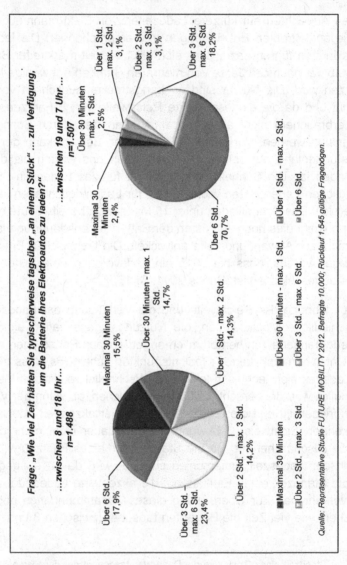

Abbildung 36: Verfügbare Ladezeiten tagsüber und nachts

Befragten nachts eine deutlich längere Zeit am Stück zum Laden ihres Fahrzeugs verfügbar machen könnten als tagsüber.

Tagsüber wäre die akzeptierte Ladedauer von maximal 30 Minuten bis über 6 Stunden relativ gleichmäßig verteilt. Es besteht ein ausgewogenes Verhältnis zwischen Personen, die ihr Fahrzeug zum Laden nur kurze Zeit zur Verfügung stellen könnten und Personen, die längere Ladezeiten akzeptieren würden. Nachts dagegen ist die verfügbare Zeit zum Laden deutlich länger. Knapp 20% könnten ihr Fahrzeug über 3 bis maximal 6 Stunden und etwa 70% sogar über 6 Stunden zum Laden zur Verfügung stellen. Nachts könnten mehr Befragte ihr Fahrzeug über sechs Stunden laden, als tagsüber. Es wird davon ausgegangen, dass längere verfügbare Ladezeit mit einer längeren Standzeit gleichgestellt werden kann. Da nachts ein Fahrzeug die längsten Standzeiten aufweist, besteht offensichtlich ein Zusammenhang zwischen der akzeptierten Ladedauer und der Standzeit des Fahrzeugs.

Momentan gehen die meisten privaten Verbraucher davon aus, ihr Fahrzeug zu Hause laden zu müssen, da bisher noch keine ausreichende öffentliche Ladeinfrastruktur vorhanden ist. Die öffentlich zugänglichen Ladepunkte konzentrieren sich stark auf Ballungszentren und Modellregionen (Nationale Plattform Elektromobilität 2012a, S. 3). Beim Aufbau der öffentlichen Ladeinfrastruktur ist aber zu beachten, dass der überwiegende Teil der Nutzer am liebsten zu Hause oder am Arbeitsplatz laden möchte. Vor allem in ländlicheren Gegenden stehen nur wenige Ladestationen bereit. In Kombination mit sehr langen Ladezeiten bedeutet das für den Verbraucher zum einen, dass er zu Hause eine Lademöglichkeit zur Verfügung stellen müsste. Zu Hause muss also ein Stellplatz für das Fahrzeug mit Stromanschluss vorhanden sein. Unsere empirischen Analysen haben gezeigt, dass insbesondere Bewohner von Mehrfamilienhäusern seltener einen Stromanschluss an ihrem Stellplatz haben: In unserer Befragung gab nur jeder zweite Bewohner eines Mehrfamilienhauses an, am Stellplatz für sein Auto über einen Stromzugang zu verfügen. Zum anderen bedeutet das für den Verbraucher, dass durch die langen Ladezeiten nur einmal täglich „vollgeladen" werden kann. Beispielsweise ein Verbrennungsmotor kann bei einem zu Neige gehendem Tank die nächste Tankstelle anfahren und die Fahrt nach wenigen Minuten fortsetzen. Durch ein durchgehendes Tanknetz ist sichergestellt, dass die mögliche tägliche Entfernung, die solch ein Antrieb zurücklegen kann, nicht auf die Reichweite einer Tankfüllung beschränkt ist. Dagegen beschränkt sich bei einem Elektrofahrzeug die maximale Reichweite eines Tages auf die Ladekapazität der Batterie. Die mögliche Entfernung von zu Hause halbiert sich, da Strom für die Hin- und für die Rückfahrt bereitgestellt werden muss. Folglich kann sich der Nutzer bei einer Reichweite von momentan bis zu 150 km nur maximal die halbe Reichweite von zu Hause entfernen. Dies schränkt den erreichbaren Radius deutlich ein, vor allem beim Einsatz als Fortbewegungsmittel zur Arbeitsstätte oder zum Einkaufen und zurück.

Trotz der laut unserer Studie i. d. R. langen verfügbaren Ladezeiten und der üblicherweise täglich zurückgelegten Entfernung[6], die ein Elektrofahrzeug bereits heute erfüllen kann, wünscht sich der Verbraucher die Flexibilität, die er vom Verbrennungsmotor gewohnt ist. Daher führt kein Weg daran vorbei diesen Verbraucherwunsch zur Marktfähigkeit durch technischen Fortschritt zu erfüllen und die Ladezeit zu reduzieren.

Bei einer langen Ladedauer wird eine lange Standzeit zwingend notwendig, was wiederum mögliche Ladeorte deutlich einschränkt. Eine kurze Ladedauer eröffnet eine große Anzahl an denkbaren Lademöglichkeiten. Vorstellbar wäre z.B. das Laden auf dem Firmenparkplatz während der Arbeitszeit, auf Parkplätzen während Besorgungen oder auf Rastplätzen entlang von Autobahnen beim Zurücklegen von längeren Strecken. Als Übergangslösung und auch zur langfristigen Unterstützung der Marktdurchdringung würde eine flächendeckende Infrastruktur Vertrauen in die Technologie schaffen, da das Bedürfnis gestillt wäre, überall und jederzeit eine Lademöglichkeit zu haben. Darüber hinaus wird zwar die Reichweite durch eine kurze Ladedauer nicht verlängert, jedoch kann die zurücklegbare Entfernung an einem Tag, beispielsweise einem Arbeitstag mit zwischenzeitlichem Laden an der Arbeitsstätte oder einem Ladevorgang während einer Ruhepause bei längeren Distanzfahrten oder Urlaubsfahrten, deutlich gesteigert werden. Die akzeptierte Ladedauer

---

[6] Etwa 90% der Befragten der Studie FUTURE MOBILITY 2012 fahren üblicherweise nicht mehr als 100 km an einem Tag

steht mit der Standzeit im Zusammenhang. Damit die Ladedauer nicht zum Hemmfaktor der Nutzungsbereitschaft von Elektrofahrzeugen wird, muss jede denkbare Standzeit zum Laden genutzt werden können. Dies lässt ebenso die Schlussfolgerung zu: Umso kürzer die Ladedauer, desto mehr Orte kommen zum Laden in Frage.

Des Weiteren kommt das sogenannte Schnellladen, bei dem das Fahrzeug innerhalb von 15-20 Minuten geladen werden kann, als Möglichkeit des raschen Ladens zwischen zwei Fahrten in Frage. Damit könnten auch Schnellladestationen dazu beitragen, die Furcht des Verbrauchers vor dem „Liegenbleiben" auf freier Strecke zu verringern und damit das Vertrauen in die Technologie zu verbessern. Da Schnellladen voraussichtlich nicht zu denselben Strompreisen an der Ladesäule angeboten werden wird, haben wir in unserer Erhebung die Preisbereitschaft der Befragten für das Schnellladen adressiert. Wir haben dabei unterstellt, das Schnellladen sei mit 5 € pro Ladevorgang um 2-3 € teurer als das normale Laden zu Haushaltsstrompreisen an der öffentlichen Ladesäule. 43,4 % der Befragten gaben an, dass das Schnellladen selbst zu diesen preislich höheren Konditionen interessant sei (Abbildung 37).

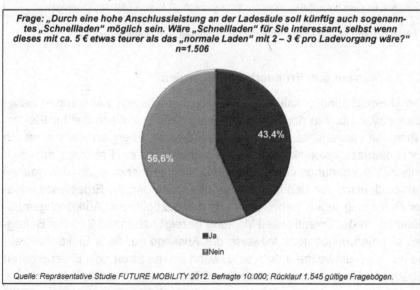

Frage: „Durch eine hohe Anschlussleistung an der Ladesäule soll künftig auch sogenanntes „Schnellladen" möglich sein. Wäre „Schnellladen" für Sie interessant, selbst wenn dieses mit ca. 5 € etwas teurer als das „normale Laden" mit 2 – 3 € pro Ladevorgang wäre?" n=1.506

43,4%

56,6%

■Ja

■Nein

Quelle: Repräsentative Studie FUTURE MOBILITY 2012. Befragte 10.000; Rücklauf 1.545 gültige Fragebögen.

Abbildung 37: Interesse an Schnellladen

Aus Sicht von über der Hälfte der am Schnellladen interessierten Befragten dürfte dann der Ladevorgang allerdings auch nicht mehr als 15 Minuten in Anspruch nehmen (Abbildung 38).

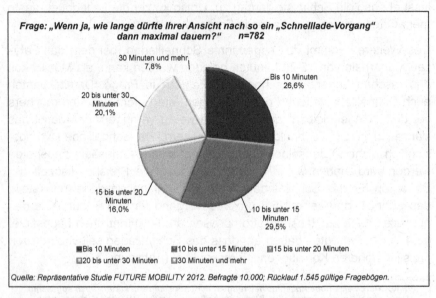

Abbildung 38: Maximal akzeptierte Dauer eines Schnellladevorgangs

4.3 Ladestrom aus Erneuerbaren Energien

Die Umweltfreundlichkeit von elektrisch betriebenen Fahrzeugen hängt stark davon ab, wie der Strom erzeugt wurde. Nur wenn der für Elektrofahrzeuge verwendete Strom aus erneuerbaren Energien stammt, ist ein Elektrofahrzeug signifikant umweltfreundlicher als ein Fahrzeug mit effizientem Verbrennungsmotor. Dieser Zusammenhang ist in den letzten Jahren deutlich von den Medien betont worden und die Ergebnisse unserer Befragung legen nahe, dass die diesbezüglichen „Aufklärungsmaßnahmen" in der Öffentlichkeit Wirkung gezeigt haben: 93,3 % der Befragten stimmen mindestens teilweise der Aussage zu, dass Elektrofahrzeuge nur dann umweltfreundlich sind, wenn sie mit Strom aus Erneuerbaren Energien beladen werden (Abbildung 39).

An Elektrofahrzeuge werden große Erwartungen in Bezug auf die Speicherbarkeit überschüssiger Strommengen gerichtet. Insbesondere stellt sich die Frage, ob die zur Mittagszeit entstehenden Spitzen aus der Photovoltaik durch die Batterien von Elektrofahrzeugen geglättet werden könnten. Voraussetzung dafür ist, dass die Verbraucher, deren Haus mit Photovoltaik ausgestattet ist, eine Präferenz zur Verwertung ihres eigenerzeugten Stroms in einem Elektrofahrzeug haben.

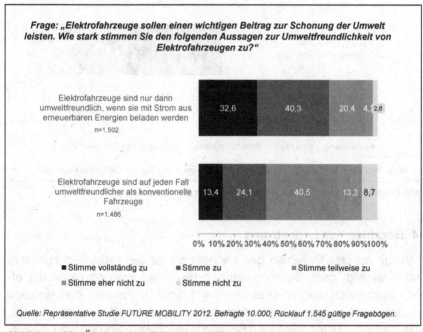

Abbildung 39: Ökologische Effekte von Elektrofahrzeugen

Für über 90 % der Befragungsteilnehmer, deren Haus über eine Photovoltaikanlage verfügte, war es mindestens wichtig, dass das Elektrofahrzeug mit dem eigenerzeugten Strom beladen werden kann (Abbildung 40).

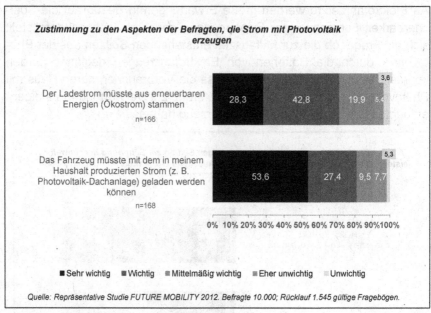

Abbildung 40: Eigenverbrauch von PV-Strom zum Laden

4.4 Bezahlen des Ladestroms

In Bezug auf das Bezahlen des Ladestroms ist den Befragten zunächst einmal wichtig, dass Strompreisunterschiede automatisch möglichst effektiv ausgenutzt werden (Abbildung 41). 95,2 % stimmen der Aussage zu, dass der Ladevorgang automatisch so gesteuert werden müsste, dass dadurch Zeiten niedriger Strompreise genutzt werden und 83,2 % der Befragten möchten sich möglichst automatisch (z. B. mittels Handy) über die aktuellen Strompreise informieren können, um Zeiten niedriger Strompreise für das Laden nutzen zu können.

Die Option, sich möglichst automatisch (z. B. per Handy) über Preisschwankungen beim Ladestrom informieren zu können, ist insbesondere den jüngeren Befragten wichtig. In den Altersklassen bis 35 Jahre empfinden mehr als 90 % der Befragten dies als mindestens mittelmäßig wichtig (Abbildung 42).

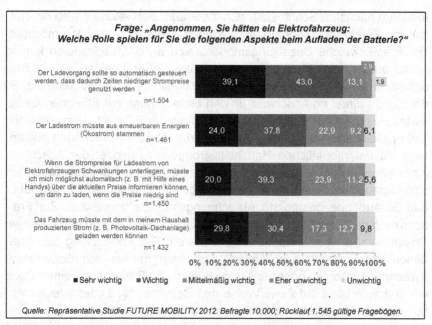

Frage: „Angenommen, Sie hätten ein Elektrofahrzeug:
Welche Rolle spielen für Sie die folgenden Aspekte beim Aufladen der Batterie?"

Der Ladevorgang sollte so automatisch gesteuert werden, dass dadurch Zeiten niedriger Strompreise genutzt werden
n=1.504
39,1 | 43,0 | 13,1 | 1,9 | 2,9

Der Ladestrom müsste aus erneuerbaren Energien (Ökostrom) stammen
n=1.461
24,0 | 37,8 | 22,9 | 9,2 | 6,1

Wenn die Strompreise für Ladestrom von Elektrofahrzeugen Schwankungen unterliegen, müsste ich mich möglichst automatisch (z. B. mit Hilfe eines Handys) über die aktuellen Preise informieren können, um dann zu laden, wenn die Preise niedrig sind
n=1.450
20,0 | 39,3 | 23,9 | 11,2 | 5,6

Das Fahrzeug müsste mit dem in meinem Haushalt produzierten Strom (z. B. Photovoltaik-Dachanlage) geladen werden können
n=1.432
29,8 | 30,4 | 17,3 | 12,7 | 9,8

0% 10% 20% 30% 40% 50% 60% 70% 80% 90% 100%

■ Sehr wichtig   ■ Wichtig   ■ Mittelmäßig wichtig   ■ Eher unwichtig   Unwichtig

Quelle: Repräsentative Studie FUTURE MOBILITY 2012. Befragte 10.000; Rücklauf 1.545 gültige Fragebögen.

Abbildung 41: Wichtigkeit unterschiedlicher Kriterien beim Laden

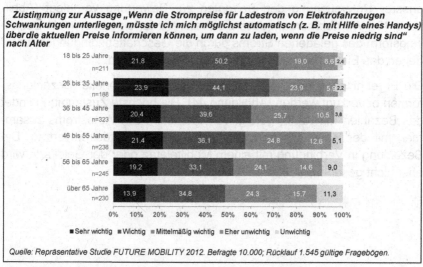

Zustimmung zur Aussage „Wenn die Strompreise für Ladestrom von Elektrofahrzeugen Schwankungen unterliegen, müsste ich mich möglichst automatisch (z. B. mit Hilfe eines Handys) über die aktuellen Preise informieren können, um dann zu laden, wenn die Preise niedrig sind" nach Alter

18 bis 25 Jahre
n=211
21,8 | 50,2 | 19,0 | 6,6 | 2,4

26 bis 35 Jahre
n=188
23,9 | 44,1 | 23,9 | 5,6 | 2,2

36 bis 45 Jahre
n=323
20,4 | 39,6 | 25,7 | 10,5 | 3,8

46 bis 55 Jahre
n=238
21,4 | 36,1 | 24,8 | 12,6 | 5,1

56 bis 65 Jahre
n=245
19,2 | 33,1 | 24,1 | 14,6 | 9,0

über 65 Jahre
n=230
13,9 | 34,8 | 24,3 | 15,7 | 11,3

0% 10% 20% 30% 40% 50% 60% 70% 80% 90% 100%

■ Sehr wichtig   ■ Wichtig   ■ Mittelmäßig wichtig   ■ Eher unwichtig   Unwichtig

Quelle: Repräsentative Studie FUTURE MOBILITY 2012. Befragte 10.000; Rücklauf 1.545 gültige Fragebögen.

Abbildung 42: Automatisierte Information über Preisschwankungen

In einem nächsten Schritt stellt sich die Frage, auf welche Weise die Nutzer von Elektrofahrzeugen den geladenen Autostrom bezahlen möchten. Die Frage, welche Bezahlungsmodelle sich an den Ladesäulen künftig herausbilden werden, ist bislang nicht abschließend geklärt. Diesbezüglich sind theoretisch unterschiedlichste Modelle denkbar. So könnte z. B. der Kunde direkt im Anschluss an den Ladevorgang mit EC- oder Kreditkarte den geladenen Strom oder mit dem auf der EC-Karte gespeicherten Geld („Geldkarte") bezahlen. Des Weiteren ist eine Abrechnung zusammen mit der monatlichen Haushaltsstromrechnung oder der Abschluss eines separaten Autostromvertrags denkbar. Aufgrund der zunehmenden Konvergenz zwischen Fahrzeug und Mobilfunk sind schließlich auch über das Smartphone gesteuerte Abrechnungsmodelle vorstellbar. Zur Freischaltung der (öffentlichen) Ladesäule müsste sich der Kunde mit seinem Smartphone an der Ladesäule identifizieren: Die Abrechnung des geladenen Stroms könnte anschließend zusammen mit der monatlichen Handyrechnung erfolgen oder der Kunde tippt in das Smartphone einen Code ein und autorisiert auf diese Weise den Betreiber der Ladesäule zur Abbuchung des geladenen Stroms durch Lastschriftverfahren.

Die dargestellten Optionen zur Bezahlung des Autostroms haben wir in unserer Untersuchung den Befragten zur Bewertung vorgelegt (Abbildung 43). Wir nehmen an, dass die Präferenz für eine bestimmte Bezahlungsform des geladenen Stroms durch die Geschäftsbedingungen, unter denen das Elektrofahrzeug genutzt wird, bestimmt wird.

Die Ergebnisse zeigen, dass bislang eher „konventionelle" Bezahlungsformen bevorzugt werden (Abbildung 44). Die höchste Zustimmung findet das Bezahlen mit Karte, gefolgt vom Bezahlen des Autostroms zusammen mit der Haushaltsstromrechnung und dem Autostromvertrag. Die Bezahlung in Verbindung mit einem Mobiltelefon oder der Geldkarte wird eher nicht gesehen.

Frage: „Wie stark stimmen Sie den folgenden Aspekten im Hinblick auf das Bezahlen des geladenen Stroms für Ihr Fahrzeug zu?"

Darstellung der den Befragten vorgelegten Bezahlungsmodelle für Autostrom

- **Konzept ① : Bezahlen mit Karte**
  „Im Anschluss an den Ladevorgang möchte ich den geladenen Strom mit Karte (z. B. EC- oder Kreditkarte) bezahlen."

- **Konzept ② : Geldkarte**
  „Im Anschluss an den Ladevorgang möchte ich den geladenen Strom mit dem auf meiner EC-Karte gespeicherten Geld („Geldkarte") bezahlen."

- **Konzept ③ : Haushaltsstromrechnung**
  „Ich möchte den geladenen Strom zusammen mit meiner monatlichen Rechnung für Haushaltsstrom bezahlen."

- **Konzept ④ : Handyrechnung**
  „Ich identifiziere mich an der Ladesäule über mein Smartphone. Der geladene Strom wird mir über meine monatliche Handyrechnung in Rechnung gestellt."

- **Konzept ⑤ : Smartphone mit Code**
  „Zum Starten des Ladevorgangs tippe ich einen Code in mein Smartphone ein. Der Preis für den geladenen Strom wird dann automatisch durch meinen Stromanbieter von meinem Konto abgebucht."

- **Konzept ⑥ : Flatrate**
  „Ich könnte mir den Abschluss einer monatlichen Flatrate für Autostrom (wie beim Handy) vorstellen. Über die Vertragsmenge hinausgehende Strommengen werden zusätzlich abgerechnet."

- **Konzept ⑦ : Autostromvertrag**
  „Ich würde für das Beladen des Fahrzeugs einen separaten Autostromvertrag (z. B. über die Lieferung von Ökostrom) abschließen."

Quelle: Repräsentative Studie FUTURE MOBILITY 2012. Befragte 10.000; Rücklauf 1.545 gültige Fragebögen.

Abbildung 43: Bezahlungsmodelle für Autostrom

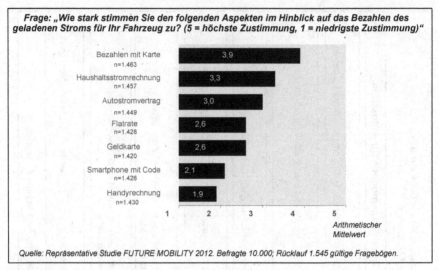

Abbildung 44: Präferenzen für unterschiedliche Bezahlungsmodell

Die aktuell noch verhaltene Präferenz für das Bezahlen mittels Handy (unabhängig davon, ob das Smartphone lediglich zum Zweck der Identifikation an der Ladesäule verwendet wird oder ob auch die Bezahlung über die Mobilfunkrechnung abgewickelt wird) ist allerdings mit Vorsicht zu interpretieren. Möglicherweise begegnen die Befragten diesen Bezahlungsformen noch mit Vorsicht, da sie den Nutzen dieser innovativen Dienstleistungen nur bedingt abschätzen bzw. sich diesen in einer schriftlichen Befragung trotz Erläuterung im Fragebogen nur begrenzt vorstellen können.

Dies mag dann in einer Befragung zu einem übertrieben konservativen Antwortverhalten führen. Zudem ist es möglich, dass die Attraktivität dieser Bezahlungsformen auch zielgruppenspezifisch gesehen werden muss. So zeigten in unserer Erhebung etwa die jüngeren Befragten sowie die Befragten mit einem höheren verfügbaren Einkommen eine vergleichsweise größere Präferenz für die Identifikation mittels Smartphone an der Ladesäule als die älteren Befragten (Abbildung 45 und Abbildung 46).

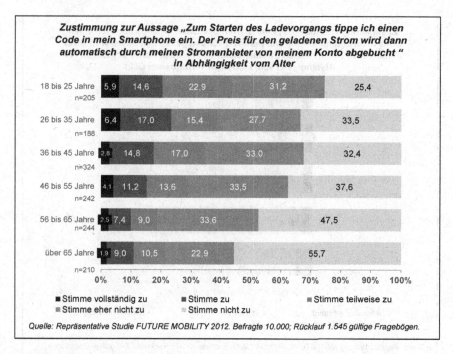

Zustimmung zur Aussage „Zum Starten des Ladevorgangs tippe ich einen Code in mein Smartphone ein. Der Preis für den geladenen Strom wird dann automatisch durch meinen Stromanbieter von meinem Konto abgebucht " in Abhängigkeit vom Alter

Quelle: Repräsentative Studie FUTURE MOBILITY 2012. Befragte 10.000; Rücklauf 1.545 gültige Fragebögen.

Abbildung 45: Bezahlungsmodell 5 in Abhängigkeit vom Alter

Wie bei vielen hochgradigen Innovationen dürfte also auch die Frage nach den Bezahlungsmodellen bei Autostrom in Abhängigkeit von der Attraktivität des Angebotes zu sehen sein: Es kommt darauf an, ob es den Anbietern von innovativen Bezahlungsformen gelingt, den Nutzen ihrer Dienstleistung erfolgreich dem Verbraucher zu kommunizieren. In diesem Fall gehen wir davon aus, dass sich in Zukunft durchaus Potenziale für die Konvergenz von Mobilfunk und Elektromobilität im Bereich der Abrechnung ergeben müssten.

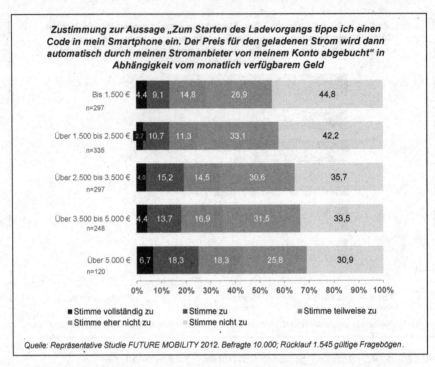

Abbildung 46: Bezahlungsmodell 5 in Abhängigkeit vom verfügbaren Einkommen

4.5 Nutzung der Batterien für Vehicle-to-Grid

Die Einbindung von Elektrofahrzeugen in ein zunehmend „smartes" Energienetz, die wirksame Nutzung der Batterien als Speicher und das Lademanagement werden künftig zu den wesentlichen Aufgaben von Energieunternehmen in der Elektromobilität gehören. Seit Jahren wird deshalb das Thema „Vehicle-to-Grid" diskutiert. Hier ist vorgesehen, die Batterien bidirektional – also sowohl zum Ein- als auch Ausspeichern von Strom – zu nutzen. Vehicle-to-Grid kann allerdings die Lebensdauer der Batterien negativ beeinflussen und bedeutet für den Verbraucher, einen Teil der „Lade-Autonomie" an das Energieunternehmen abgeben zu müssen. Es stellt sich vor diesem Hintergrund also die Frage, ob die Verbraucher hierfür bereit sein werden und welche Gegenleistung diese von ihrem Energieunternehmen erwarten, wenn sie die Batterie ihres Fahrzeugs als Speicher zur Verfügung stellen. Um diesen Punkt adäquat adressieren zu können, haben wir den Teilnehmern unserer Studie die folgende Frage gestellt: „Grundsätzlich ist es technisch möglich, die Batterien von Elektrofahrzeugen bei Standzeiten von mehreren Stunden als Energiespeicher zu nutzen. Wären Sie bereit, die in der Batterie gespeicherte Energie in den Zeiten, in denen Sie Ihren Pkw nicht nutzen, gegen ein Entgelt in das Netz einspeisen zu lassen?"

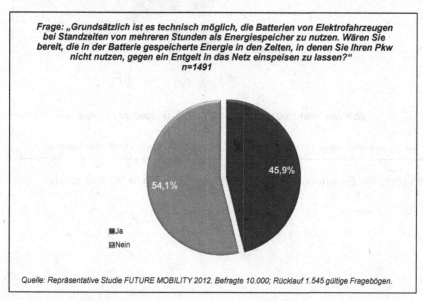

Abbildung 47: Aufgeschlossenheit der Verbraucher für Vehicle-to-Grid

45,9 % der Befragten bejahten diese Frage, 54,1 % der Befragten waren hierfür nicht aufgeschlossen (Abbildung 47). Unter den Befragten, die grundsätzlich zu Vehicle-to-Grid bereit waren, haben wir zusätzlich die Erwartungshaltung an Kompensationsleistungen von Seiten des Energieunternehmens erhoben. Dabei zeigte sich, dass über ein Viertel der Befragten mehr als 200 € pro Jahr für die Bereitstellung der Batterie als Zwischenspeicher erwartet (Abbildung 48).

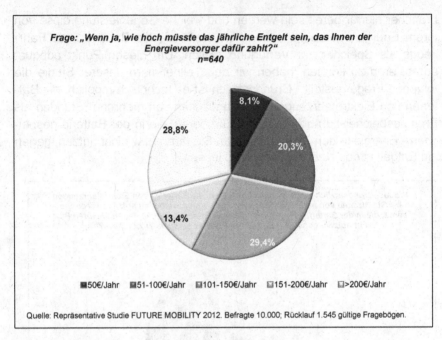

Abbildung 48: Erwartung von Kompensationsleistungen für Vehicle-to-Grid

5 Strategische Implikationen

Die Ergebnisse unserer Studie FUTURE MOBILITY zu den Präferenzen der Pkw-Nutzer beim Kauf bzw. bei der Nutzung eines neuen Fahrzeugs sowie zu den Erwartungen an Infrastruktur und Mobilitätsangebote dienen als Input für die Ableitung von strategischen Implikationen auf die Automobilindustrie und die Energiewirtschaft. Die strategischen Implikationen sind Leitlinien für die Entwicklung von neuen Geschäftsmodellen in den für die Elektromobilität relevanten Branchen und Industrien. Wir werden im nächsten Abschnitt zunächst darlegen, was man unter dem Begriff des Geschäftsmodells versteht und welche Komponenten ein Geschäftsmodell typischerweise umfasst. Im Anschluss daran werden wir auf Basis der Ergebnisse unserer Studie die strategischen Implikationen auf die künftige Ausgestaltung von Geschäftsmodellen der beteiligten Branchen Automobilindustrie und Energiewirtschaft ableiten. Die strategischen Implikationen können auch als Leitlinien für die Positionierung neuer Player am Markt dienen. Abschließend wird in diesem Kapitel auf die Einflussmöglichkeiten der Politik zur Verbreitung von Elektrofahrzeugen durch die Ausgestaltung von Anreizsystemen eingegangen.

5.1 Neudefinition der Kundenschnittstelle

Ein „[...] Geschäftsmodell veranschaulicht die Geschäftsidee und die Mittel und Wege, wie diese Idee erfolgreich umgesetzt werden soll" (Nagl 2013, S. 21). Damit befasst sich ein Geschäftsmodell grundsätzlich mit den Produkten und Mechanismen, die erforderlich sind, um mit einem Unternehmen Wertschöpfung zu generieren. Die drei Dimensionen, die ein Geschäftsmodell beschreiben sind:

- das **Leistungsangebot**, d. h. die Produkte und Dienstleistungen, die ein Unternehmen am Markt absetzen will,
- die **Leistungserstellung**, d. h. die Prozesse, die Aktivitäten und die Organisation, die zur Erstellung der Produkte und Leistungen entlang der Wertschöpfungskette (Abbildung 49) erforderlich sind,
- die **Gewinnerzielung**, d. h. der mit dem Geschäftsmodell zu erwirtschaftende Überschuss der Umsätze gegenüber den für die Produkt- und Dienstleistungserstellung sowie deren Vertrieb erforderlichen Kosten.

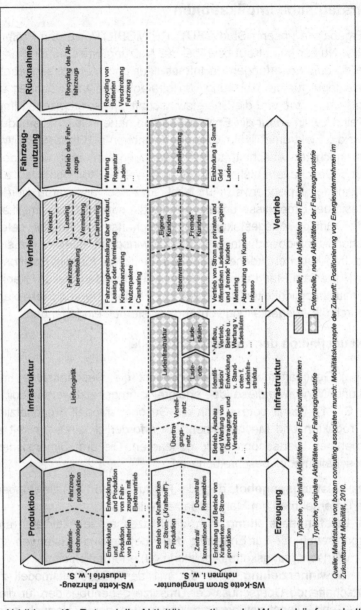

Abbildung 49: Potenzielle Aktivitäten entlang der Wertschöpfungskette

Die Geschäftsmodellelemente Leistungsangebot, Leistungserstellung und Gewinnerzielung sind in einen Business Case zusammenzuführen, der auch die zur Umsetzung des Geschäftsmodells erforderlichen Investitions- und Finanzmittelbedarfe abbilden muss.

Hierbei stellt sich die zentrale Frage, welcher der möglichen Anbieter auf Basis seines bisherigen Know-hows am ehesten die für die individuelle Elektromobilität geforderten Geschäftsmodelle gestalten und wirtschaftlich die Kundenschnittstellen mit seinem Leistungsangebot in Teilen oder vollständig bedienen kann. Auch den in dieser Mobilitätswelt neuen Anbietern bieten sich unter Umständen Chancen beim Wettbewerb um die besten Lösungen zur Bedienung der umkämpften Kundenschnittstelle.

Es steht außer Frage, dass die Elektromobilität zu nennenswerten Umwälzungen in der Automobil-, Zulieferer- und Energiebranche führen wird (Bozem/Nagl/Haubrock/Rath/Schnaiter/Rennhak/Benad 2012a, S. 11 ff) und die beteiligten Unternehmen dazu zwingt, ihre diesbezüglichen Geschäftsmodelle zu überarbeiten bzw. für die Innovation „Elektrofahrzeug" überhaupt erst ein tragfähiges Geschäftsmodell zu entwickeln.

Dementsprechend wird sich die Ausgestaltung der Kundenschnittstelle im Vergleich zu heute massiv wandeln.

Letztlich wird es darauf ankommen, welche Rollen Energieunternehmen und Automobilindustrie entlang der Wertschöpfungskette künftig wahrnehmen werden und wie es den Unternehmen gelingt, sich erfolgreich an der Kundenschnittstelle zu positionieren.

Während zwischen den etablierten Industrien aus Automobilindustrie und Energiewirtschaft ein Wettbewerb um die Kundenschnittstellen entstehen wird, ist darüber hinaus auch der Einstieg neuer Player (z. B. Batterieproduzenten, auf Elektrofahrzeuge spezialisierte OEMs wie Tesla u. a.) in den Markt wahrscheinlich. Deshalb sollten sich alle Entscheidungsträger frühzeitig der Frage stellen, welche Kernkompetenzen künftig notwendig sein werden, um sich erfolgreich entlang der Wertschöpfungskette aufstellen zu können. In Abhängigkeit von den verfügbaren bzw. kurz- und mittelfristig aufzubauenden Kernkompetenzen wird die Wertschöpfungstiefe eines einzelnen Players unterschiedlich ausfallen.

Die Bandbreite der strategischen Implikationen der Elektromobilität auf die Automobilindustrie kann sich in der minimalen Version auf die bedarfsgerechte Produktion von elektrischen Fahrzeugen sowie deren Vertrieb und Wartung beschränken (Abbildung 50). Bis auf die Beherrschung der neuen Technologien (was anspruchsvoll genug ist) gibt es in dieser Variante wenige Veränderungen an der Kundenschnittstelle. Betrachten wir die maximale Version kann die Automobilindustrie ein Gesamtpaket „Elektromobilität im Individualverkehr" anbieten. Mobilitätsangebote in diesem Sinne umfassen Fahrzeug und Strom aus einer Hand ebenso wie Flottenkonzepte und ähnliche Dienstleistungen. Das Geschäftsmodell der OEMs in der Elektromobilität wird auch dadurch bedroht, dass es in den Bereichen Fahrzeugdesign, Batterietechnologie und Elektrifizierung bei rein elektrisch angetriebenen Fahrzeugen einige potenzielle Wettbewerber z. B. aus der Fahrzeug- und Zuliefererindustrie gibt, die diese Aufgaben ebenfalls gut übernehmen könnten und so die Fertigungstiefe der OEMs bis auf null reduzieren könnten.

Auch den Unternehmen der Energiewirtschaft bietet sich eine entsprechende strategische Spreizung an (Abbildung 50). Bei der Minimalversion werden sich diese Unternehmen auf ihr bisheriges Geschäftsmodell Erzeugung, Infrastruktur und Lieferung von Strom für die Elektromobilität fokussieren. Dabei umfasst die Infrastruktur die Bereitstellung von Ladestationen und Wallboxes. Bei einer maximalen strategischen Positionierung stünde ebenfalls das Angebot eines Gesamtpakets „Elektromobilität im Individualverkehr" im Raum. Im Vergleich zur Automobilindustrie ist das klassische Geschäftsmodell der Energiewirtschaft in Folge der Marktliberalisierung, der Energiewende und der zunehmenden Tendenz zur Dezentralisierung der Energieversorgung auf Basis Erneuerbarer Energien stärker unter Druck geraten.

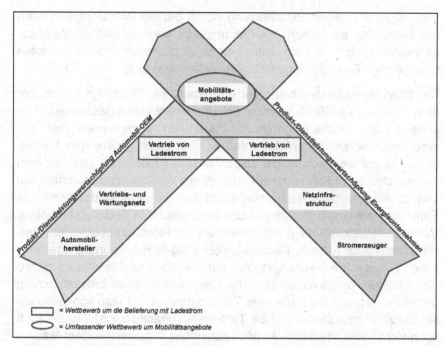

Abbildung 50: Strategische Implikationen auf die Wertschöpfung

5.2 Strategische Implikationen auf die Automobilindustrie

Die Automobilindustrie steht vor der grundlegenden Herausforderung, einerseits die konventionellen Antriebstechnologien immer effizienter und emissionsärmer gestalten und andererseits Milliarden in die Entwicklung marktfähiger alternativer Antriebskonzepte investieren zu müssen. Eine erste wesentliche Erkenntnis unserer Arbeiten ist, dass sich das Verhalten der Pkw-Nutzer beim Kauf von Elektrofahrzeugen nicht wesentlich von dem beim Kauf von Fahrzeugen mit konventioneller Antriebstechnik unterscheidet. Wesentliche Kriterien bei der Kaufentscheidung sind die Total Cost of Ownership (TCO) sowie die Alltagstauglichkeit – Reichweite, Komfort und Platz – des Fahrzeugs. Allenfalls gegenüber Zweitwagennutzern, die mit ihrem Fahrzeug überwiegend Kurzstrecken zurücklegen, ist nach unserer Einschätzung durch gezielte Marketingaktivitäten der Nutzen eines „reinen" Elektrofahrzeugs kommunizierbar. Zweitwagennutzer sollten deshalb aus unserer Sicht neben Flottenkonzepten eine wichtige Erstzielgruppe für Batteriefahrzeuge sein.

Die überwiegende Mehrheit zieht den Kauf des Fahrzeugs gegenüber dem Leasing vor. 70 % würden sich für einen Mittelklassewagen entscheiden und nur die jüngeren und die älteren Altersgruppen sowie die einkommensschwächeren Schichten würden einen Kleinwagen kaufen. In Bezug auf die Technologie zeigen unsere Ergebnisse, dass es dem Verbraucher beim Fahrzeugkauf unabhängig von der durchschnittlich am Tag zurückgelegten Distanz vor allem auf die Alltagstauglichkeit des Fahrzeugs ankommt. In dem von uns durchgeführten Technologieranking haben die Befragten die größte Präferenz für Pkws mit optimiertem Verbrennungsmotor gezeigt. Danach folgten Plug-in Hybrid und Erdgasfahrzeug. Wie der Verbrennungsmotor auf Benzin- und Dieselbasis bieten diese beiden Technologien ähnliche Reichweiten. Beim Erdgasfahrzeug unterscheidet sich die Dauer des Tankvorgangs nicht vom konventionellen Benziner oder Diesel und die Tankstelleninfrastruktur ist – wenn auch noch nicht flächendeckend, so doch zumindest in ausreichendem Maße – etabliert und wird weiter ausgebaut. Die Reichweite eines Plug-in Hybridfahrzeugs ist mit konventionellen Fahrzeugen ebenfalls vergleichbar und im Unterschied zum „reinen" Batteriefahrzeug ist der Bedarf an öffentlicher Ladeinfrastruktur zum Zwischen- bzw. Schnellladen begrenzt, da auch längere Fahrten dank des zusätzlichen Verbrennungsmotors möglich sind. Die empirischen Ergebnisse des Technologierankings und die sich hieran anschließenden Überlegungen legen nahe, dass die Verbraucher nach dem konventionellen Verbrennungsmotor den Plug-in Hybrid und das Erdgasfahrzeug am besten positioniert sehen, um das Bedürfnis nach Alltagstauglichkeit zu bedienen. Man muss mithin davon ausgehen, dass das „reine" Batteriefahrzeug zunächst auf den Einsatz im städtischen Bereich, den Pendelverkehr zwischen Stadt und Umland sowie auf betriebliche Flotten (z. B. als lokale Liefer- und Servicefahrzeuge) beschränkt bleibt.

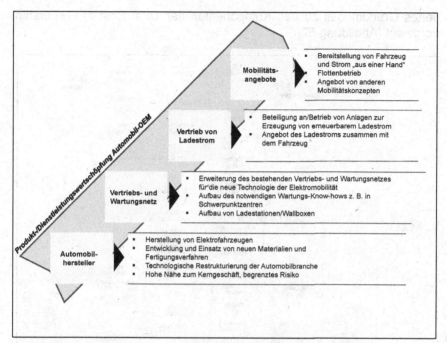

Abbildung 51: Strategische Implikationen auf die Automobil-OEMs

Es wird unerlässlich sein, den Elektrofahrzeugen ein eigenständiges Gesicht zu geben und nicht ein als konventionell konzipiertes Fahrzeug auf ein Batteriefahrzeug umzurüsten. Nur auf diese Weise können Fahrzeuge mit alternativen Antrieben angeboten werden, die weitgehend die Erwartungshaltung des Marktes auch in Bezug auf die Alltagstauglichkeit treffen.

Diesbezüglich ist BMW mit den geplanten „i3" und „i8"-Fahrzeugen, bei denen völlig neue Materialien und Fertigungsverfahren zum Einsatz kommen, ein Beispiel. Nur so kann es den traditionellen OEMs gelingen, sich auch bei den alternativen Antrieben Marktanteile zu sichern. Dies erschwert sodann auch Newcomern die Etablierung am Markt. Da dem Verbraucher in der Gesamtschau die Total Cost of Ownership (TCO) wichtig sind, sollten die Akteure am Markt, die Einfluss auf die TCO nehmen können, diese auf ein marktfähiges Niveau bringen. Die Nationale Plattform Elektromobilität (NPE) hat in ihrem Zweiten Bericht ein detailliertes Grundmodell zu den Komponenten der Total Cost of Ownership vorgelegt (Abbildung 52).

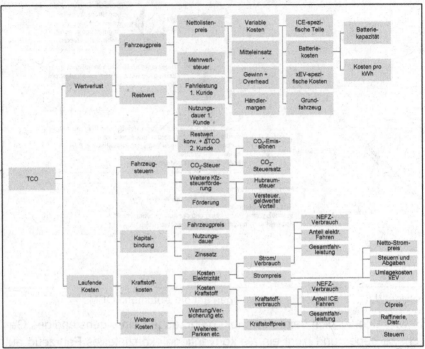

Quelle: Nationale Plattform Elektromobilität (NPE) 2011b: Anhang zum Zweiten Bericht der Nationalen Plattform Elektromobilität, S. 26

Abbildung 52: TCO gemäß Nationaler Plattform Elektromobilität

In Bezug auf die im TCO-Modelle der Nationalen Plattform Elektromobilität genannten Komponenten bedeutet das für die OEMs, dort mit ihrem Geschäftsmodell anzusetzen, wo sie die TCO über technologische und produktionsbezogene Maßnahmen beeinflussen können.

Durch gezielte und konsequente Öffentlichkeitsarbeit sollte es den OEMs möglich sein, das Informationsniveau des Verbrauchers über alternative Antriebstechnologien deutlich zu verbessern und hierdurch auch die Erwartungen des Marktes an alternative Antriebe besser zu managen. Informiertheit stellt – wie Kapitel 3 ausgeführt – zwar für sich allein noch kein Kaufmotiv dar, sie bestimmt aber sehr entscheidend das Erwartungsniveau mit dem der Verbraucher einem neuen Produkt entgegentritt und ist damit unbedingte Voraussetzung für das Treffen der späteren Kaufentscheidung. Diese kann der Verbraucher nämlich nur dann fällen, wenn sein Erwartungsniveau mit den am Markt angebotenen Leistungen im Einklang ist.

Die Positionierung als Fahrzeughersteller ist heute das Kerngeschäft eines OEMs und könnte auch künftig die Elektromobilität umfassen. Neben der Fahrzeugherstellung kann für den Vertrieb und die Fahrzeugwartung das bestehende Vertriebs- und Wartungsnetz nach gewissen Modifikationen für die Elektromobilität genutzt werden. Damit unterscheidet sich dieses Geschäftsmodell primär nur in der Technologie der Fahrzeuge vom heutigen Geschäftsmodell. Aufgrund des liberalisierten Energiemarktes sowie der nachhaltigen Dezentralisierung der Stromerzeugung auf Basis Erneuerbarer Energien könnte mittel- bis langfristig der Vertrieb von Ladestrom für Elektrofahrzeuge in den Fokus der OEMs rücken. Eine darüber hinausgehende deutlich größere Wertschöpfungstiefe würde bei der Positionierung als Anbieter von Mobilitätsangeboten erreicht. In diesem Fall würde der Automobilhersteller nicht mehr allein als Fahrzeuglieferant, sondern als sogenannter „Mobilitätsdienstleister" in einem informationstechnologisch vernetzten (smarten) Umfeld fungieren (Abbildung 51). Die Bereitstellung von Fahrzeug und Strom aus einer Hand ist ebenso Bestandteil dieses Geschäftsmodells wie die Entwicklung von Tarifstrukturen zur Nutzung von Elektrofahrzeugen sowie der Betrieb von Flotten und Carsharing-Modellen. In einem Geschäftsmodell, das darauf abzielt, den Automobilhersteller als Mobilitätsdienstleister zu positionieren, ist neben dem Fahrzeug auch der Ladestrom Teil des Angebots. Einige OEMs sind mittlerweile dazu übergegangen, in Erneuerbare Stromerzeugungsanlagen zu investieren und wollen auf diese Weise dazu beitragen, dass den produzierten Fahrzeugen auch die erforderlichen Mengen an grünem Ladestrom gegenüber stehen. Auf diese Weise – durch den direkten Zugriff auf die Herstellung des Fahrstroms – wollen die OEMs nachhaltig sicherstellen, dass die gelieferten Elektrofahrzeuge auch tatsächlich emissionsarm bzw. emissionsfrei sind. In dem hier beschriebenen Modell würde das Automobilunternehmen breitflächig die Kundenschnittstelle besetzen. Unsere Untersuchungsergebnisse zeigen, dass derzeit Automobilunternehmen diesbezüglich in einer besseren

Ausgangslage als Energieunternehmen sind. So würde die Mehrheit der Befragten (58,1 %) ihr Elektrofahrzeug von einem Autohaus und den Strom von einem Energieunternehmen beziehen (siehe Kapitel 3.2). Während 37,7 % der Befragten Elektrofahrzeug und Strom gebündelt von einem Autohaus erwerben wollen, geben nur 3,4 % an, dieses Produktbündel von einem Energieunternehmen beziehen zu wollen. Dies zeigt, dass die Automobilindustrie wesentlich stärker als „erste Adresse" für Elektromobilität von den Verbrauchern wahrgenommen wird als die Energiewirtschaft.

Die Option, zusätzlich zum Vertriebs- und Wartungsnetz für Elektrofahrzeuge die notwendige Infrastruktur aufzubauen und zu betreiben würde zwar eine umfassende Wertschöpfungstiefe gewährleisten, da neben die Bereitstellung von Fahrzeug und Strom auch der Aufbau und Betrieb der Ladeinfrastruktur treten würde. Diese Option ist theoretisch denkbar, wir halten sie allerdings für die Automobilindustrie vor allem aufgrund der relativ großen Ferne zum Kerngeschäft und des zusätzlichen Investitionsbedarfs für eher unwahrscheinlich.

Wenn die Positionierung als Fahrzeughersteller das sogenannte „Minimalgeschäft" für Automobil-OEMs darstellt, kann also die Option „Mobilitätsdienstleister" als wahrscheinliches sogenanntes „Maximalgeschäft" betrachtet werden.

5.3 Strategische Implikationen auf die Energieunternehmen

Die Entwicklungen der letzten Jahre und speziell die Energiewende haben in der Energiewirtschaft bereits zu erheblichen Umwälzungen geführt und zwingen die Unternehmen, ihre tradierten Geschäftsmodelle zu überarbeiten (Rath/Bozem 2013, S. 75 sowie Bozem/Rath 2012, S. 7 ff). Mit den bisherigen traditionellen Geschäftsmodellen, die derzeit wirtschaftlich noch erfolgreich sind, werden Energieunternehmen die bestehende Positionierung im Markt zukünftig nicht aufrechterhalten können. In diesem Kontext könnte die Elektromobilität als Teilaspekt einer Smart Energy-Strategie zur Erschließung des sich neu entwickelnden Energiemarktes genutzt werden. Infolge der fortschreitenden Dezentralisierung der Energieversorgung und der Zunahme der durch Verbraucher selbst erzeugten Strommengen (z. B. durch PV-Dachanlagen), werden Energieunternehmen gegenüber ihren Kunden künftig nicht mehr nur die Rolle des Commodity-Anbieters, sondern immer mehr die eines Dienstleisters einnehmen. Die Energiewirtschaft befindet sich insofern in einer Umbruchphase von der „integrierten Welt" wie wir sie kennen in Richtung einer „Kunden-Welt" (Abbildung 53), in der die Kunden vom anonymen „Versorgungsobjekt" zum aktiven Teil der Leistungserstellung werden.

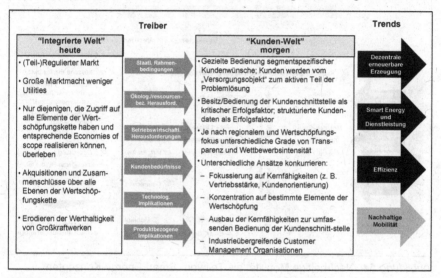

Abbildung 53: Entwicklungslinien in Richtung „Kunden-Welt"

Der Besitz bzw. die Bedienung der Kundenschnittstelle wird in dieser neuen Welt immer mehr zum kritischen Erfolgsfaktor. Die Energiewirtschaft wird künftig nicht mehr alleine vom Angebot der Commodities Strom, Gas, Fernwärme etc. leben können. Vielmehr wird es darum gehen, anknüpfend an den Trends in Richtung Dezentralisierung der Erzeugung, Energieeffizienz, Smart Energy und Nachhaltigkeit in der Mobilität tragfähige Dienstleistungen am Markt anzubieten. In diesem Kontext steht Elektromobilität nicht singulär als neues Produktangebot, sondern ist Teil einer umfassenden Smart Energy-Strategie. Das breit aufgestellte Dienstleistungsportfolio wird sich dabei von Angeboten wie Energieeffizienzberatung und Smart Home über den Betrieb und die Netzeinbindung privater Erzeugungsanlagen bis hin zum Management von Speicherbatterien und der Netzeinbindung von Elektrofahrzeugen erstrecken.

Neben die klassischen Versorgungsleistungen integrierter Energieunternehmen treten entlang der Wertschöpfungskette neue Aktivitäten rund um das Thema „Smart Energy" (Abbildung 54).

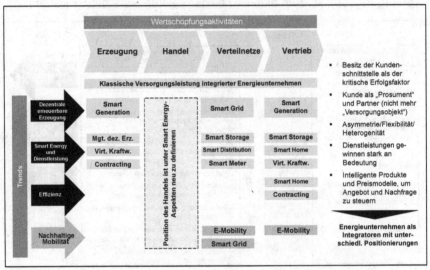

Abbildung 54: Nachhaltige Mobilität als Teil von „Smart Energy-Konzepten"

In der Teilkomponente „Elektromobilität" verlassen die Energieunternehmen allerdings ihre angestammten Branchengrenzen und treten mit Automobilindustrie und Mobilitätsdienstleistern in eine potenzielle Konkurrenzsituation um die Kundenschnittstelle ein.

Wie zuvor bei den Automobilherstellern bieten sich auch für die Energieunternehmen in Abhängigkeit von der Wertschöpfungstiefe unterschiedliche Optionen in der Elektromobilität an. Hier bilden die Optionen „Stromerzeuger", „Infrastrukturaufbau und -betrieb" sowie „Vertrieb von Ladestrom" das Basisgeschäft eines Energieunternehmens in der Elektromobilität ab. Diese Optionen weisen eine hohe Nähe zum angestammten

Kerngeschäft von Energieunternehmen auf und sollten vor dem Hintergrund der verfügbaren Know-how-Ressourcen realisierbar sein.

Allerdings sind weder die Stromlieferung noch der Betrieb der Ladeinfrastruktur für sich alleine erfolgversprechend. Der für die Elektromobilität erwartete Stromabsatzzuwachs liegt in der Anfangsphase mit 1 Million Fahrzeugen im Markt bei jährlich rd. 2 TWh, was in etwa 0,4 % des jährlichen Nettostromverbrauchs in Deutschland entspricht (Rath/Bozem 2013, S. 106). Auf diesem sehr limitierten Mehrabsatz lässt sich keineswegs ein funktionierendes Geschäftsmodell mit Fahrstrom aufbauen. Gleichwohl müssen Energieunternehmen dem Anspruch der Verbraucher auf Ökostrom beim Beladen ihrer Elektrofahrzeuge Sorge tragen. Die von uns befragten Verbraucher formulieren in Bezug auf die Herkunft des Ladestroms eine klare Erwartungshaltung an die Energieunternehmen: Ohne Ökostrom ist mit Elektromobilität kein Geschäft zu machen. Fast allen Pkw-Nutzern (93 %) ist die Beladung des Elektrofahrzeugs mit Strom aus erneuerbaren Energien wichtig, denn die Verbraucher sind der Überzeugung: „Elektrofahrzeuge sind nur dann umweltfreundlich, wenn sie mit Strom aus erneuerbaren Energien beladen werden." Wie der reine Autostromverkauf ist auch der Betrieb von Ladeinfrastruktur zum jetzigen Zeit nicht wirtschaftlich und wenn das Laden der Fahrzeuge – wie die Ergebnisse unserer Befragung nahelegen – primär im häuslichen Umfeld und am Arbeitsplatz stattfindet, wird auch künftig der auskömmliche Betrieb einer flächendeckenden öffentlichen Ladeinfrastruktur schwierig bleiben. Es spricht also Vieles dafür, dass Energieunternehmen über die Bereitstellung der Infrastruktur (inkl. Wallboxes für das private Laden) hinaus Dienstleistungen zur Ladesteuerung sowie zur Netzintegration der Fahrzeuge werden anbieten müssen. Wenn ein wachsender Teil der Stromverbraucher den nachgefragten Strom durch eigene Erzeugungsanlagen (z. B. PV-Dachanlagen) deckt, werden Energieunternehmen dafür sorgen müssen, dass die Elektromobilität im Hinblick auf Laden und Entladen intelligent in diese dezentrale Energieversorgung eingebunden wird. Mit dieser – von uns als „Netzintegration" bezeichneten – Option erreichen Energieunternehmen eine höhere Wertschöpfungstiefe. In Bezug auf die Total Cost of Ownership haben die Energieunternehmen bislang den geringsten Einfluss auf deren Optimierung.

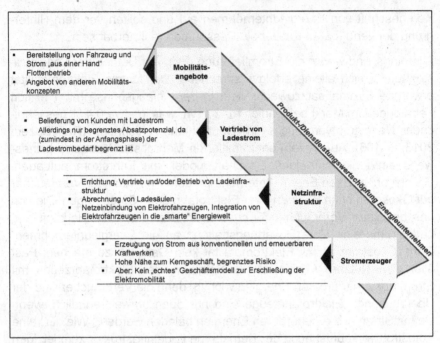

Abbildung 55: Strategische Implikationen auf die Energieunternehmen

Die größte Wertschöpfungstiefe wird in der Elektromobilität für Energie-unternehmen dann erreicht, wenn sich diese mit Mobilitätsangeboten am Markt positionieren. Bei dieser Option bieten Energieunternehmen Fahr-zeug, Infrastruktur und Strom aus einer Hand an, betreiben Flotten und entwickeln für ihre Kunden Carsharing- und andere Mobilitätskonzepte. Dem Vorteil der hohen Wertschöpfungstiefe und der breiten Besetzung der Kundenschnittstelle stehen allerdings vor allem die erhebliche Entfer-nung zum bisherigen Kerngeschäft und die unmittelbare Konkurrenz mit der Automobilindustrie gegenüber. Wie Kapitel 3.2 aufgezeigt, können sich die Verbraucher Elektromobilität aus einer Hand wesentlich eher von einem Autohaus als von einem Energieunternehmen vorstellen. Daraus lässt sich ableiten, dass für die Energieunternehmen Handlungsbedarf im Hinblick auf die erfolgreiche Positionierung an der Kundenschnittstelle besteht und dass die Energieunternehmen noch nicht als potenzielle Mobilitätsdienstleister wahrgenommen werden. In Bezug auf die Batterie ergibt sich ein ähnliches Ergebnis, auch wenn sich hier immerhin knapp ein Drittel der Befragten das Leasing bei einem Energieunternehmen vorstellen könnte. Die überwiegende Hälfte der Befragten würde allerdings auch die Batterie bei einem Autohaus leasen wollen. Die Tatsache, dass die Energieunternehmen bislang nicht vom Verbraucher als relevanter Ansprechpartner für Mobilitätsdienstleistungen wahrgenommen werden, soll an dieser Stelle nicht automatisch zu dem Schluss verleiten, Energieunternehmen sollten sich in Konkurrenz zu Autohäusern und Mietwagenanbietern positionieren und sich zu den Autohäusern der Zukunft verwandeln. Eine solche Strategie würde nach unserem Verständnis vielmehr dem eigentlichen Kernkompetenzprofil eines Energieunternehmens zuwiderlaufen. Es muss allerdings für die Energieunternehmen darum gehen zu klären, welche Rolle sie künftig an der Kundenschnittstelle (z. B. im Hinblick auf Ladeinfrastruktur und Ladesteuerung/Netzintegration, Stromvertrieb und die Abrechnung von Elektrofahrzeugen) übernehmen können und welche Teile der Wertschöpfungskette der Automobilindustrie bzw. den Mobilitätsdienstleistern vorbehalten bleiben sollen.

5.4 Schaffung von Marktanreizen durch die Politik

Durch die Gestaltung von Anreizmechanismen nimmt die Politik maßgeblichen Einfluss auf die Verbreitung von Elektrofahrzeugen im Markt. Marktanreize können beispielsweise im Sinne einer Kaufprämie darauf abzielen, den Preisunterschied bei der Anschaffung für den Kunden zu reduzieren oder den Unterhalt von Elektrofahrzeugen z. B. durch Steuererlasse oder Sonderabschreibungen attraktiv zu machen (zur Gestaltung von Anreizmechanismen in der Elektromobilität Bozem/Rath/Schnaiter/ Nagl/Benad/Rennhak 2012, S. 56 ff sowie Bozem/Rath/Schnaiter/Nagl/ Benad/Rennhak 2011, S. 26 ff). Wie in Abbildung 5 in Kapitel 2.2 dargestellt wurde, stimmten 89,5 % unserer Befragten der Aussage zu, dass für sie ein Elektrofahrzeug ernsthaft in Frage käme, wenn die Mehrkosten durch Kaufboni, Steuererleichterungen und niedrigere Betriebskosten ausgeglichen würden. Dieses Ergebnis erwies sich in einer weiteren Auswertung auch als unabhängig vom Alter, das heißt die Forderung zur Angleichung der Kosten von Elektrofahrzeug und konventionellem Fahrzeug wird gleichermaßen von allen Altersgruppen erhoben. Wir gehen davon aus, dass eine Kaufprämie in der Höhe von z. B. 5.000 € sicherlich zunächst einen deutlichen Motivationsschub geben würde, aber im Sinne einer langfristigen Verkehrspolitik kontraproduktiv wäre, weil gleichzeitig die Autoindustrie wegen des gut laufenden Geschäfts die Anstrengungen und Investitionen in die technische Entwicklung eher verringern als forcieren würde.

Andere Überlegungen gehen in die Richtung, den Innenstadtbereich von Großstädten für Autos mit konventionellem Antrieb zu sperren, aber die Durchfahrt für Fahrzeuge mit alternativem Antrieb zu erlauben. Unsere Studie FUTURE MOBILITY zeigt aber, dass dies aus heutiger Sicht noch keine motivierende Wirkung für einen Umstieg hat. 82,9 % der Befragten gaben an, sie würden dann ihr Auto am Stadtrand auf dem Park- and Ride-Parkplatz abstellen und mit öffentlichen Verkehrsmitteln in die Stadt fahren (Abbildung 56).

Nur 52,7 % würden die Sperrung des Innenstadtbereichs zum Anlass für den Kauf eines Fahrzeugs mit alternativem Antrieb nehmen. Mit anderen Worten: von dieser Maßnahme würden vor allem die öffentlichen Verkehrsmittel und nicht die Elektromobilität profitieren, was ja unter ökologischen und städteplanerischen Gesichtspunkten durchaus erfreulich wäre.

Gerade die Politik – ob Bundes-, Landes- oder Lokalpolitik – hat zahlreiche Möglichkeiten, die Total Cost of Ownership über direkte und indirekte merkantile Maßnahmen sowie verkehrspolitische Ausnahmen zu beeinflussen. Bislang ist für Elektrofahrzeuge ein 10-jähriger Erlass der Kfz-Steuer vorgesehen. Des Weiteren sieht das Jahressteuergesetz 2013 vor, den Nachteil von elektrischen Fahrzeugen bei der Dienstwagenbesteuerung dadurch zu kompensieren, dass der Bemessungsgrundlage maßgebliche Listenpreis um die Kosten für die Batterie gemindert wird.

Abbildung 56: Umweltzonen als potenzielle Umstiegsmotivatoren

Bis Ende 2013 sind auf den Bruttolistenpreis 500 € je kWh Speicherka-pazität anrechenbar, danach ist eine jährliche Degression in Höhe von 50 € je kWh Speicherkapazität vorgesehen. Die maximale Minderung des Bruttolistenpreises beläuft sich für bis Ende 2013 angeschaffte Elektro- und Hybridfahrzeuge auf 10.000 € (Haufe 2013, o. S.). Mit der Einführung von Wechselkennzeichen hat die Bundesregierung einen von der Natio-nalen Plattform Elektromobilität vorgebrachten Vorschlag zur Förderung elektrischer Fahrzeuge aufgegriffen. Andere Vorschläge der Nationalen Plattform Elektromobilität wie Sonderabschreibungen, weitere Steuer-Incentives oder KfW-Darlehen wurden bislang nicht umgesetzt (Nationale Plattform Elektromobilität 2012b, S. 46).

Neben den etablierten Förderungen könnte der Bund auch darüber nach-denken, z. B. die Mehrwertsteuer beim Fahrzeugkauf ebenso zu erlassen wie die Kfz-Steuer. Diese Maßnahme treibt zusammen mit anderen Vergünstigungen aktuell etwa den Elektrofahrzeugabsatz in Norwegen. Auf Elektrofahrzeuge werden dort keine Neuwagensteuern erhoben, die Mehrwertsteuer entfällt und Straßen-/Citymaut sowie Parkgebühren werden erlassen. Dies führt in der Summe zu einer jährlichen Subvention von umgerechnet rd. 6.300 € (Doyle/Adomaitis 2013, o. S.). Zudem ist Elektrofahrzeugen in Norwegen – und dort insbesondere in Oslo – die Benutzung von Busspuren gestattet. Eine Öffnung von Busspuren für Elektrofahrzeuge wurde in der Vergangenheit auch vermehrt für Deutschland diskutiert. Da damit jedoch das Risiko verbunden ist, dass die Busspuren über die Zeit zunehmend mit Elektrofahrzeugen überlastet werden und der Individualverkehr so die Attraktivität des öffentlichen Personennahverkehrs beeinträchtigt, erscheint diese Option wenig attraktiv. Hinzukommt, dass es in Deutschland ohnehin nur wenige Großstädte mit separaten Busspuren gibt.

Außerdem kann darüber nachgedacht werden, den Ladestrom kostenfrei anzubieten. Dies ist beispielsweise in Oslo heute ebenfalls bereits der Fall.

Insgesamt wird es bei der Ausgestaltung der Anreizmechanismen für Elektrofahrzeuge darauf ankommen, die Total Cost of Ownership auf ein mit konventionellen Fahrzeugen vergleichbares Niveau zu bringen. Langfristig angelegte und politisch belastbare Maßnahmen erscheinen uns hier besser zur nachhaltigen Erhöhung des Bestands an Elektrofahrzeugen geeignet zu sein als Prämien, die beim Neukauf des Fahrzeugs gewährt werden.

6 Fazit

Die Goldgräberstimmung der letzten Jahre hat sich zuletzt in der Elektromobilität sehr deutlich abgekühlt. Elektrofahrzeuge haben nach wie vor einen verschwindend kleinen (aber zunehmenden) Marktanteil in Deutschland, der Betrieb öffentlicher Ladeinfrastruktur ist bislang nicht wirtschaftlich zu gestalten und ein tragfähiges Geschäftsmodell ist für die Industrie nach wie vor entweder nicht vorhanden oder – sofern ein tragfähiges Geschäftsmodell existiert – zum heutigen Zeitpunkt am Markt noch nicht umsetzbar. Deshalb muss das Megaprojekt Elektromobilität aber noch längst nicht als verloren gegeben werden. Die beschriebenen Schwierigkeiten sind vielmehr typisch für innovative Produkte, an die aufgrund eines öffentlichen Hypes übertriebene Erwartungen von Wirtschaft, Verbrauchern und Politik gestellt werden. Ein ähnliches Szenario hat sich vor gut zehn Jahren in der mobilen Telekommunikation abgezeichnet als man im Mobile Commerce über Smartphones die verheißungsvolle Zukunft des E-Commerce sah. Auch damals zeichnete sich eine ähnliche Goldgräberstimmung ab. Einige der damals prognostizierten Entwicklungen sind heute eingetreten, das Smartphone ist für Viele der Hauptzugang zum Internet geworden, viele Apps haben sich zum echten Geschäftsmodell entwickelt, aber Vieles hat länger gedauert als man vor gut zehn Jahren glauben wollte. Ebenso wie sich damals der Hype um den Mobile Commerce verflüchtigt hat, ist es heute um die Elektromobilität stiller geworden. Fortan wird es für alle beteiligten Industrien darum gehen, die Aktivitäten am Markt umzusetzen, die realistisch möglich sind.

Automobilindustrie, Energiewirtschaft und Politik müssen die begonnenen gemeinsamen Anstrengungen zur Implementierung der Elektromobilität konzertiert weiterführen und jeder Stakeholder wird hierbei seinen Teil leisten müssen. Damit die Elektromobilität langfristig als ein wettbewerbsfähiges Produkt am Markt bestehen kann, sollten weder Industrie noch Politik in ihren Aktivitäten gegen den Markt agieren. Grundlage aller Technologieentwicklungsaktivitäten, jedes Geschäftsmodells und jedes Fördermechanismus müssen die Erwartungen des Verbrauchers sein. Wir haben in unserer Studie FUTURE MOBILITY ein umfassendes Bild von den Anforderungen des Kunden an Fahrzeuge und Infrastruktur gezeichnet. Die Total Cost of Ownership und die Alltagstauglichkeit des Fahrzeuges bleiben für den Verbraucher auch weiterhin zentrale Kriterien beim Treffen der Kaufentscheidung (Abbildung 57). Zu den letzteren gehört auch eine entsprechend verfügbare Ladeinfrastruktur. Weitere Maßnahmen sind möglich, um die Marktgängigkeit zu erhöhen.

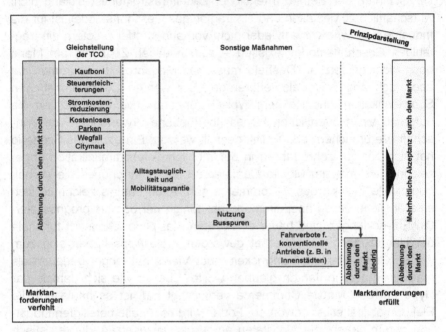

Abbildung 57: Überblick möglicher Maßnahmen zur Erfüllung der Marktanforderungen

Industrie und Politik werden gemeinsam Ansätze finden müssen, um dem Verbraucher alltagstaugliche Individualmobilität zu akzeptablen Kosten anbieten zu können. Für die Automobilindustrie wird die zunehmende Hybridisierung des Antriebsstrangs (über den Hybrid und den Plug-in Hybrid/Range Extender zum „rein" batterieelektrischen Fahrzeug) ein möglicher technologischer Ansatzpunkt sein. Rein batterieelektrische Fahrzeuge werden mittelfristig auf eine Marktnische, den Einsatz im Kurzstreckenverkehr als Zweit- oder Flottenfahrzeug, begrenzt bleiben. Plug-in Hybrid, Range Extender oder auch das Erdgasfahrzeug können kurz- bis mittelfristig echte Alternativen zum konventionellen Verbren-

nungsmotor sein, da sie dem Verbraucher im Unterschied zum Batteriefahrzeug die gewohnte Alltagstauglichkeit eines Fahrzeugs bieten können. Außerdem können Plug-in Hybrid und Range Extender aufgrund
ihrer im Vergleich zum reinen Batteriefahrzeug kleineren Batterie – und
der damit niedrigeren Anschaffungskosten für die Batterie – rascher
wettbewerbsfähig mit konventionellen Fahrzeugen werden. Langfristig
kommen des Weiteren Fahrzeuge mit Brennstoffzelle als potenzielle
„echte" Alternative in Frage.

Wir gehen davon aus, dass die spezifischen Batteriekosten in den nächsten Jahren signifikant sinken werden. Dies wird für die Käufer von Elektrofahrzeugen zu sinkenden Anschaffungspreisen und damit zu niedrigeren Total Cost of Ownership führen. Die Herstellungskosten für Batterien
sind zwischen 2008 und 2012 von 1.000 US-$/kWh auf 485 US-$/kWh
gesunken.[7] Bei Herstellungskosten von rd. 300 US-$/kWh sollen Elektro-
fahrzeuge mit konventionellen Fahrzeugen konkurrenzfähig werden
(Schott/Günther/Jossen 2010, o. S.). Staatliche Subventionen in die
Technologieentwicklung und die Markteinführung von Elektrofahrzeugen
müssen dieser Kostendegression Rechnung tragen und sollten lediglich
die Zeit bis zur Erreichung der Marktfähigkeit überbrücken. Umgekehrt
muss die Industrie ihrerseits einen Beitrag zur Reduzierung der spezifischen Herstellungskosten für Batterien leisten und sollte nicht – wie bei
der Photovoltaik – vordringlich auf die staatliche Förderung setzen.

Die an den Ausbau öffentlicher Ladeinfrastruktur geknüpften Erwartungen müssen realistisch ausfallen. Unsere Erhebung hat gezeigt, dass die
Verbraucher eine starke Präferenz für das Laden zu Hause zeigen. Wenn
zudem batterieelektrische Fahrzeuge mittelfristig auf den Kurzstrecken-
einsatz mit limitiertem Reichweitenbedarf beschränkt bleiben, wird zumindest im außerstädtischen Bereich der Bedarf an flächendeckender,
öffentlicher Ladeinfrastruktur zum Schnell- bzw. Zwischenladen begrenzt
bleiben. Darüber hinaus ist der Vertrieb von Strom an Ladesäulen noch
ein „Low Margin-Geschäft", weil sowohl der Bedarf an Ladestrom als

---

[7] Houssin, Direktor im Bereich Sustainable Energy Policy and Technologie bei der Internationalen Energieagentur (IEA) auf der Internationalen Konferenz der Bundesregierung zur
Elektromobilität, 27.05.-28.05.2013, in Berlin.

auch die realisierten Strompreise an der Ladesäule niedrig sind. Für Energieunternehmen ist damit der Betrieb von Ladeinfastruktur für sich genommen wirtschaftlich uninteressant. Wenn jedoch politisch die flächendeckende Errichtung von Ladeinfrastruktur gewünscht ist, um die Elektromobilität in der Öffentlichkeit sichtbar zu machen und beim Verbraucher das Vertrauen in die neue Technologie zu vergrößern, wird man über entsprechende Fördermechanismen im Infrastrukturbereich nachdenken müssen. Davon abgesehen könnten die Automobilunternehmen Angebote im Sinne einer Mobilitätsgarantie erwägen, die dem Verbraucher im Fall des „Liegenbleibens" mit leerer Batterie die Weiterbeförderung garantieren. Auf diese Weise könnte die latente „Reichweitenangst" des Verbrauchers reduziert werden.

Darüber hinaus sollte die Politik prüfen, ob und wann der – bislang richtigerweise auf die Forschung und Entwicklung gesetzte Fokus des Förderregimes – in Richtung einer Marktförderung verschoben werden sollte, um dem Absatz von Fahrzeugen Schwung zu verleihen. Hierbei muss nicht zwangsweise der Weg einer flächendeckenden Kaufprämie beschritten werden. Auch gezielte Förderungen in Form von steuerlichen Anreizen, geänderten Abschreibungsmodalitäten für gewerbliche Kunden sowie Vergünstigungen beim Ladestrom können Ansatzpunkte sein, die Total Cost of Ownership zu reduzieren. Nur wenn elektrische Individualmobilität für den Verbraucher attraktiv und finanzierbar ist, kann die Reise in ein neues Zeitalter der Fortbewegung gelingen.

Literaturverzeichnis

BMWi 2009: Stand und Entwicklungspotenzial der Spei-chertechniken für Elektroenergie - Ableitung von Anforderungen an und Auswirkungen auf die Investitionsgüterindustrie: Abschlussbericht, http://www.bmwi.de/BMWi/Redaktion/PDF/Publikationen/Studien/speichertec hnikenelektroenergie,property=pdf,bereich=bmwi,sprache=de,rwb=true.pdf, veröffentlicht am 30. Juni 2009

Bozem, K. 2012: Der Kunde möchte Alltagstauglichkeit, in: Energie & Management, o. Jg., Heft 4, S. 23

Bozem, K., Nagl, A., Rennhak, C. (Hrsg.) 2013: Energie für nachhaltige Mobilität – Trends und Konzepte, Wiesbaden 2013

Bozem, K., Nagl, A., Haubrock, A., Rath, V., Schnaiter, J., Rennhak, C., Benad, H. 2012a: Elektromobilität: Politische Zielsetzungen und relevante Geschäftsmodelle, in: Horizonte, 12. Jg., Heft 40, S. 11-15

Bozem, K., Nagl, A., Haubrock, A., Rath, V., Schnaiter, J., Rennhak, C., Benad, H. 2012b: Energy for future Mobility: Alternative Antriebstechnologien im Spannungsfeld von Marktanforderungen und technischer Machbarkeit, in: Horizonte, 12. Jg., Heft 39, S. 63-66

Bozem, K., Rath, V., Schnaiter, J., Nagl, A., Benad, H., Rennhak, C. 2012: Ambitionierte Zielvorgaben: Elektromobilität – Jedem Land sein Förderregime?, in: EW Das Magazin für die Energie Wirtschaft, 111. Jg., Heft 8-9, S. 56-61

Bozem, K., Rath, V., Schnaiter, J., Nagl, A., Benad, H., Rennhak, C. 2011: Regulatorische Rahmenbedingungen in Europa: Wie wird Elektromobilität straßentauglich?, in: EW Das Magazin für die Energie Wirtschaft, 110. Jg., Heft 19, S. 26-30

Bozem, K., Rath, V. 2012: Marktstudie Energiewende – Chancen und Risiken für Energieunternehmen, Schriftreihe von bozem | consulting associates | munich (bca-m) o. Jg., Heft 6

Bozem, K., Rath, V. 2010: Mobilitätskonzepte der Zukunft: Positionierung von Energieunternehmen im Zukunftsmarkt Mobilität, Schriftreihe von bozem | consulting associates | munich (bca-m) o. Jg., Heft 4

Bundesministerium für Verkehr, Bau und Stadtentwicklung (BMVBS) 2012: Roadmap zur Kundenakzeptanz, Schriftenreihe des Fraunhofer ISI o. Jg., Heft 3

Bürkle, T. 2011: Flächendeckende Infrastruktur für Elektromobilität - Anforderungen an das E-Handwerk, Vortrag des ZVEH-Beauftragten für Elektromobilität auf der Nationalen Bildungskonferenz Elektromobilität 2011,

http://www.uni-ulm.de/fileadmin/website_uni_ulm/iui.proelek/Dokumente/vor
traege/f02-buerkle.pdf, veröffentlicht am 28. und 29. Juni 2011

Doyle, A., Adomaitis, N. 2013: Norway shows the way with electric cars, but at
what cost?, http://www.reuters.com/article/2013/03/13/us-cars-norway-idUSB
RE92C0K020130313, zugegriffen am 22.05.2013

Haufe 2013: Jahressteuergesetz "light": Ein erster Gesamtüberblick zum
Amtshilferichtlinie-Umsetzungsgesetz - Die wichtigsten sonstigen Steuer-
änderungen - von KStG bis GrEStG, http://www.haufe.de/steuern/gesetzge
bung-politik/jstg-light-ueberblick-zum-amtshilferichtlinie-umsetzungsgesetz/
die-wichtigsten-sonstigen-steueraenderungen-von-kstg-bis-grestg_168_16
6432.html, zugegriffen am 22.05.2013

Konstruktionspraxis 2013: Elektromobilität - Verbundprojekt für Hoch-energie-
Traktionsbatterien gestartet, Pressemitteilung zum Verbundprojekt Alpha-
Laion, veröffentlicht am 23. Januar 2013

Kraftfahrt-Bundesamt 2013: Bestand an Personenkraftwagen am 1. Januar 2013
nach Bundesländern und ausgewählten Kraftstoffarten.
http://www.kba.de/cln_033/nn_269000/DE/Statistik/Fahrzeuge/Bestand/Umw
elt/2013__b__umwelt__dusl__absolut.html, zugegriffen am 08.04.2013

Nagl, A., Haubrock, A., Calcagnini, G., Rath, V., Schnaiter, J., Bozem, K. 2013:
Market Insights: Nachhaltige Mobilität, in: Bozem, K., Nagl, A., Rennhak, C.
(Hrsg.): Energie für nachhaltige Mobilität – Trends und Konzepte, Wiesba-
den 2013, S. 193-252.

Nagl, A. 2013: Der Businessplan – Geschäftspläne professionell erstellen, 7.
Aufl., Wiesbaden 2013.

Nationale Plattform Elektromobilität (NPE) 2012a: Ladeinfrastruktur be-
darfsgerecht aufbauen, Verfasser AG 3 – Ladeinfrastruktur und Netzintegration,   http://www.bdew.de/internet.nsf/id/5928139FB85710C6C1257A25003
CB301/$file/NPE%20AG3%20Arbeitspapier%20Juni%202012%20final.pdf,
veröffentlicht im Juni 2012

Nationale Plattform Elektromobilität (NPE) 2012b: Dritter Bericht der Nationalen
Plattform Elektromobilität, hrsg. Gemeinsame Geschäftsstelle Elektromobilität der Bundesregierung (GGEMO), http://www.bmu.de/fileadmin/bmu-
import/files/pdfs/allgemein/application/pdf/bericht_emob_3_bf.pdf, veröffentlicht im Mai 2012

Nationale Plattform Elektromobilität (NPE) 2011: Zweiter Bericht der Nationalen
Plattform Elektromobilität, hrsg. Gemeinsame Geschäftsstelle Elektromobilität der Bundesregierung (GGEMO),
http://www.bmu.de/files/pdfs/allgemein/application/pdf/bericht_emob_2.pdf,
veröffentlicht im Mai 2011

Nationale Plattform Elektromobilität (NPE) 2011b: Zweiter Bericht der Nationalen Plattform Elektromobilität – Anhang, hrsg. Gemeinsame Geschäftsstelle Elektromobilität der Bundesregierung (GGEMO), http://www.bmu.de/fileadmin/bmu-import/files/pdfs/allgemein/application/pdf/ bericht_emob_2_anhang_bf.pdf, veröffentlicht im Mai 2011

Rath, V., Bozem, K. 2013: Technologietrends Automotive und deren energiewirtschaftliche Implikationen, in: Bozem, K., Nagl, A., Rennhak, C. (Hrsg.): Energie für nachhaltige Mobilität – Trends und Konzepte, Wiesbaden 2013, S. 73-114.

Schott, B., Günther, C., Jossen, A. 2010: Batterie-Roadmap 2020+, ZSW-Studie, veröffentlicht im April 2010

Tecson 2013: Entwicklung der Erdölpreise. http://www.tecson.de/historische-oelpreise.html, zugegriffen am 08.04.2013

Abbildungsverzeichnis

Abbildung 1:	Verteilung der Pkw-Hersteller/-Marken	21
Abbildung 2:	Durchschnittliche Fahrleistung an einem Tag	22
Abbildung 3:	Voraussetzungen für einen Umstieg	23
Abbildung 4:	Umstiegskriterien	25
Abbildung 5:	Voraussetzungen Umstieg auf Elektrofahrzeug	26
Abbildung 6:	Aufgeschlossenheit für Elektrofahrzeug als Stadtwagen	27
Abbildung 7:	Aufgeschlossenheit für Elektrofahrzeug als Zweitwagen	29
Abbildung 8:	Technologiemix alternativer Antriebstechnologien	32
Abbildung 9:	Informiertheit über alternative Antriebstechnologien	33
Abbildung 10:	Informationsinteresse bei Pkw-Neuanschaffung	34
Abbildung 11:	Zur Rangreihung vorgelegte Fahrzeugkonzepte	35
Abbildung 12:	Ergebnisse des Technologierankings	36
Abbildung 13:	Fahrzeugeigenschaften und emotionaler Appeal	36
Abbildung 14:	Fahrzeugeigenschaft „Platz"	37
Abbildung 15:	Fahrzeugeigenschaft „Beschleunigung"	38
Abbildung 16:	Fahrzeugeigenschaft „Markenimage"	39
Abbildung 17:	Kauf, Leasing oder Carsharing – technologieabhängig	41
Abbildung 18:	Kauf, Leasing oder Carsharing – technologieunabhängig	42
Abbildung 19:	Interesse an Carsharing in Abhängigkeit vom Alter	43
Abbildung 20:	Interesse an Carsharing in Abhängigkeit vom Einkommen	44
Abbildung 21:	Interesse an Carsharing in Abhängigkeit von der Wohnortgröße (1/2)	44
Abbildung 22:	Interesse an Carsharing in Abhängigkeit von der Wohnortgröße (2/2)	45
Abbildung 23:	Zur Rangreihung vorgelegte Geschäftsmodellkonzepte	45
Abbildung 24:	Ergebnisse des Geschäftsmodellrankings	46
Abbildung 25:	Potenzielle Mobilitätsdienstleister für Elektromobilität	48
Abbildung 26:	Potenzielle Dienstleister für Batterieleasing	48
Abbildung 27:	Ladeort „zu Hause" in Abhängigkeit vom Haustyp	50
Abbildung 28:	Weitere Ladeorte in Abhängigkeit vom Haustyp	51
Abbildung 29:	Zugang zum Stromnetz am Fahrzeugstellplatz	53
Abbildung 30:	Zugang zum Stromnetz am Stellplatz in Abhängigkeit von Alter und Einkommen	54
Abbildung 31:	Verfügbarkeit eines Stellplatzes nach Wohnortgröße	55
Abbildung 32:	Verfügbarkeit eines Stellplatzes am Arbeitsplatz	56

Abbildung 33:   Tagsüber präferierte Ladeorte 57

Abbildung 34:   Nachts präferierte Ladeorte 58

Abbildung 35:   Präferierte Ladeorte von Vielfahrern 59

Abbildung 36:   Verfügbare Ladezeiten tagsüber und nachts 62

Abbildung 37:   Interesse an Schnellladen 65

Abbildung 38:   Maximal akzeptierte Dauer eines Schnellladevorgangs 66

Abbildung 39:   Ökologische Effekte von Elektrofahrzeugen 67

Abbildung 40:   Eigenverbrauch von PV-Strom zum Laden 68

Abbildung 41:   Wichtigkeit unterschiedlicher Kriterien beim Laden 69

Abbildung 42:   Automatisierte Information über Preisschwankungen 69

Abbildung 43:   Bezahlungsmodelle für Autostrom 71

Abbildung 44:   Präferenzen für unterschiedliche Bezahlungsmodelle 72

Abbildung 45:   Bezahlungsmodell 5 in Abhängigkeit vom Alter 73

Abbildung 46:   Bezahlungsmodell 5 in Abhängigkeit vom verfügbaren
Einkommen 74

Abbildung 47:   Aufgeschlossenheit der Verbraucher für Vehicle-to-Grid 75

Abbildung 48:   Erwartung von Kompensationsleistungen für Vehicle-
to-Grid 76

Abbildung 49:   Potenzielle Aktivitäten entlang der Wertschöpfungskette 78

Abbildung 50:   Strategische Implikationen auf die Wertschöpfung 81

Abbildung 51:   Strategische Implikationen auf die Automobil-OEMs 83

Abbildung 52:   TCO gemäß Nationaler Plattform Elektromobilität 84

Abbildung 53:   Entwicklungslinien in Richtung „Kunden-Welt" 87

Abbildung 54:   Nachhaltige Mobilität als Teil von „Smart Energy
-Konzepten" 88

Abbildung 55:   Strategische Implikationen auf die Energieunternehmen 90

Abbildung 56:   Umweltzonen als potenzielle Umstiegsmotivatoren 93

Abbildung 57:   Überblick möglicher Maßnahmen zur Erfüllung der
Marktanforderungen 96

Stichwortverzeichnis

Alltagstauglichkeit.. 23, 38, 60, 81, 82, 83, 96, 99

Bezahlen.. 49, 68, 70, 72

Carsharing... 40, 41, 42, 43, 44, 45, 85, 90

Design... 24, 37

Dienstwagenbesteuerung.. 92

Erdgas... 16, 17

FUTURE MOBILITY.. 11, 17, 19, 21, 26, 32, 77, 92, 95

Geschäftsmodell 77, 79, 80, 84, 85, 89, 95

Informiertheit... 18, 33, 84

Infrastruktur.....................................15, 17, 28, 64, 77, 80, 86, 89, 90, 95, 99

Kaufentscheidung 25, 33, 38, 81, 85, 96

Kundenschnittstelle... 47, 77, 79, 80, 85, 87, 88, 90, 91

Ladeinfrastruktur 16, 63, 82, 86, 89, 91, 95, 100

Laden.......................18, 28, 49, 50, 52, 55, 56, 57, 61, 62, 63, 64, 65, 68, 69, 89

Ladeort.. 49, 50, 55, 56

Leasing.. 40, 41, 42, 82, 91

Markenimage 24, 25, 37, 38, 39

Marktanreize 16, 91

Ökostrom.. 89

Plug-in Hybrid.. 15, 34, 82

Range Extender 15

Reichweite.......................17, 23, 24, 26, 28, 31, 39, 60, 61, 64, 81, 82

Reichweitenangst... 26

Repräsentativität 18, 21

Schnellladen... 50, 56, 57, 61, 65, 66, 82

Smart Energy 86, 88

Smartphone.. 70, 72, 95

Technologiemix 31, 32

Technologieranking... 35, 37, 40, 41, 43, 82

Total Cost of Ownership (TCO)... 23, 28, 81, 83

Umstiegsbereitschaft 26, 27

Vehicle-to-Grid 74, 75, 76

Verbrennungsmotor 16, 31, 34, 35, 60, 63, 64, 66, 82

Wertschöpfungskette 77, 78, 79, 88, 91